高等学校教材

画法几何及工程制图习题集

(第二版)

北方交通大学　宋兆全　主编

西南交通大学　朱育万　主审

中国铁道出版社有限公司

2024年·北京

内容简介

习题分练习题和作业题两种，内容包括:点、直线和平面;投影变换;平面体、曲线与曲面、曲面体;轴测投影、透视投影、标高投影;制图基本规格和几何作图;组合体以及图样画法;钢筋混凝土结构、钢结构、房屋建筑、桥隧涵及水利等工程图样画法的基本练习。

本习题集与《画法几何及工程制图》(第二版)配套使用。本书作为高等院校工科土木类各专业用教材。

图书在版编目(CIP)数据

画法几何及工程制图习题集/宋兆全主编. -2版.
北京:中国铁道出版社,2003.3(2024.7重印)
ISBN 978-7-113-04928-7

Ⅰ.画… Ⅱ.宋… Ⅲ.①画法几何-习题②工程制图-习题 Ⅳ.TB23-44

中国版本图书馆CIP数据核字(2003)第000068号

书　　名:**画法几何及工程制图习题集**
作　　者:北方交通大学　宋兆全
出版发行:中国铁道出版社有限公司(100054,北京市西城区右安门西街8号)
责任编辑:程东海
印　　刷:北京联兴盛业印刷股份有限公司
开　　本:787×1092　1/16　印张:17.5　字数:212千
版　　本:1996年7月第1版　2003年3月第2版　2024年7月第22次印刷
书　　号:ISBN 978-7-113-04928-7
定　　价:42.00元

重印说明

《画法几何及工程制图习题集(第二版)》于2003年3月在我社出版,本书配套《画法几何及工程制图(第二版)》使用。本书内容主要为练习题和作业题,经编者核查,符合现行标准及教学要求。本次重印,对内容无修订。

中国铁道出版社有限公司

2022年7月

第二版前言

本习题集与中国铁道出版社2003年出版的《画法几何及工程制图》(第二版)教材配套使用,习题集的内容和编排顺序与教材一致。题号采用双号编码,分别表示章次和该章习题的顺序号。

习题分为练习题和作业题,练习题可在本习题集上直接作图,作业题要用另外的图纸按指定的格式进行绘制。习题中除了基本题外,还选用了少量有一定难度的题,供教师在教学中根据需要进行选择。

做题之前,必须认真复习教材相关内容,并通过做题做一步巩固和掌握。做题时,除指定的徒手练习外,所有的练习题和作业题必须使用工具和仪器按规定绘制。

本习题集由北方交通大学宋兆全教授主编,西南交通大学朱育万教授主审,参加编写的(按章节顺序)有北方交通大学宋兆全、李雪梅、邝明、崔玲,兰州铁道学院程耀东、肖冰,中南大学肖佳、袁媛、龙丽,华北水利水电学院刘雪梅。

欢迎专家、读者对本书的缺点和错误予以批评指正。

编　者

2002年12月

第一版前言

本习题集是在中国铁道出版社1989年出版的《画法几何及建筑制图习题集》的基础上修订的，与中国铁道出版社出版的《画法几何及工程制图》(土建类)配套使用，并且二者章的序号一致。

本习题集分练习题、作业题和上机操作题三种。练习题可在本习题集上直接作图；作业题要用另外图纸按规定格式绘制；上机操作题除在屏幕上显示和存盘外，可不作硬输出(绘制或打印)。

做题之前，必须认真复习课本上的有关内容，并通过做题进一步巩固和掌握。做题时，除徒手练习外，所有的练习题和作业题都必须使用仪器和工具按规定绘制。

本习题集由北方交通大学宋兆全教授主持修订，西南交通大学朱育万教授主审。参加修订的(按修订的章节顺序)有北方交通大学周仙芳、李雪梅，华东交通大学张华，石家庄铁道学院唐广，上海铁道大学许福英，长沙铁道学院肖佳。

在本习题集第十四、十五、十七三章中，引用了李睿谟教授主编的《工程制图习题集》的部分内容，在此表示感谢。

编　者

1995.12

目　　录

二、点、直线和平面 …… 1
三、直线与平面、平面与平面的相对位置 …… 14
四、投影变换 …… 25
五、平面体 …… 33
六、曲线与曲面 …… 42
七、曲面体 …… 49
八、轴测投影 …… 58
九、透视投影 …… 63
十、标高投影 …… 73
十一、制图基本知识 …… 77
十二、组合体 …… 87
十三、图样画法 …… 105
十四、钢筋混凝土结构图 …… 116
十五、钢结构图 …… 119
十六、房屋施工图 …… 121
十七、桥涵及隧道工程图 …… 122
十八、水利工程图 …… 128

2—1　根据点的空间位置，画出点的投影图。

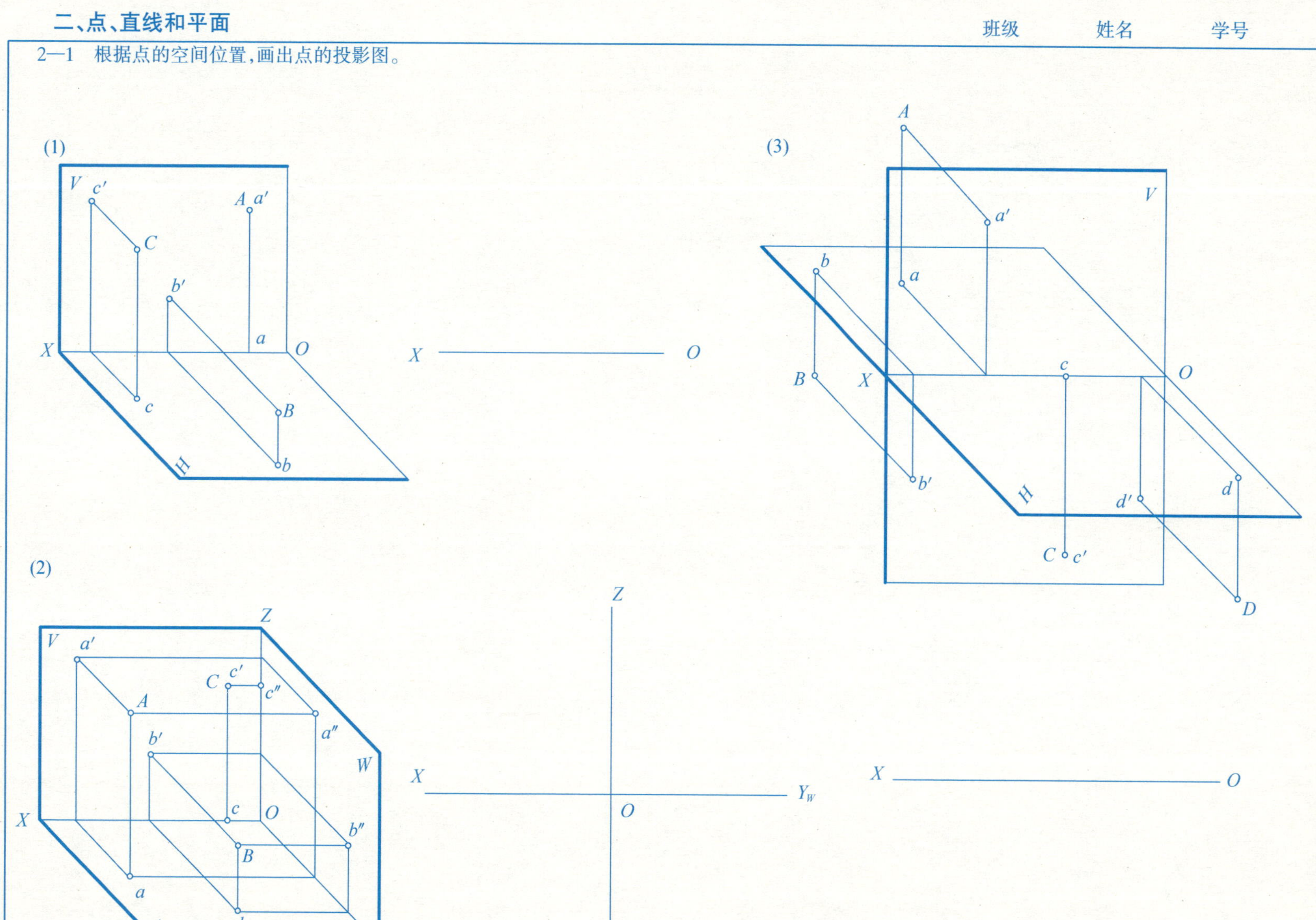

班级　　　　姓名　　　　学号

2—2　根据点的投影图，画出点的空间位置。

(1)

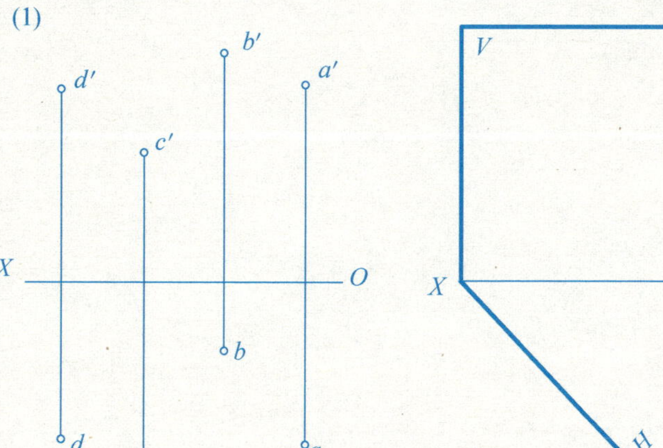

(2)

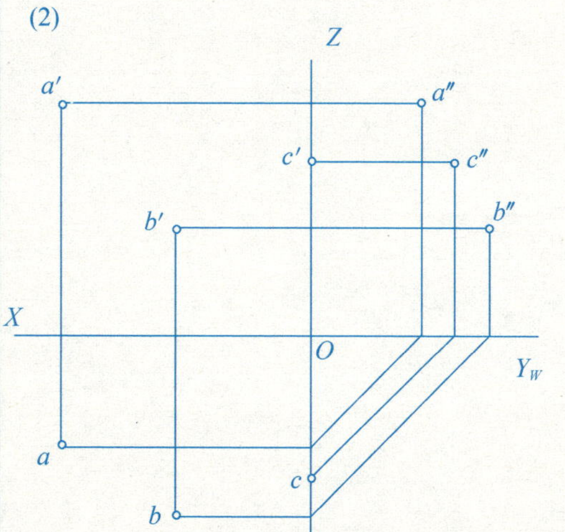

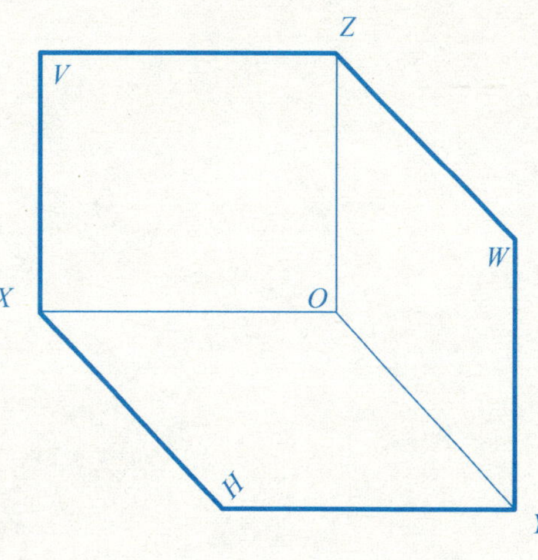

2—3　根据点到投影面的距离，画出点的三面投影。

点	*A*	*B*	*C*	*D*	*E*
到*H*面为	30	20	15	0	0
到*V*面为	10	35	30	0	20
到*W*面为	25	10	0	20	35

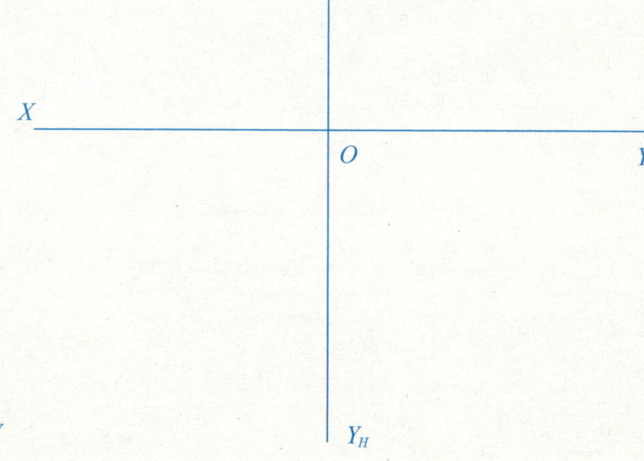

2—4　根据点的坐标，画出点的投影图和空间位置。

(1) $A(30,20,15)$, $B(20,25,0)$, $C(10,0,0)$

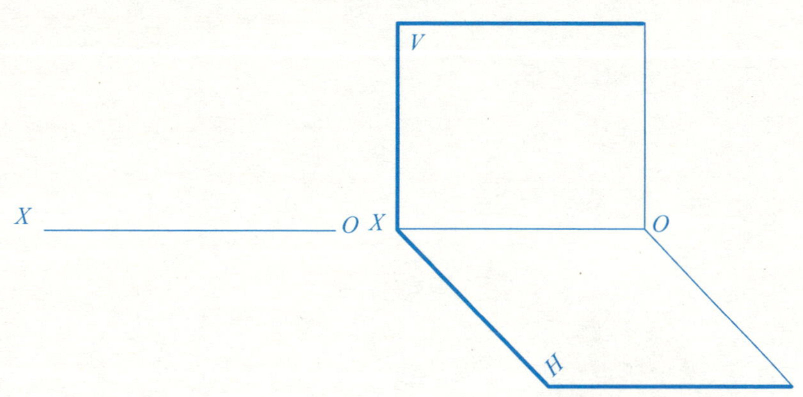

(2) $D(30,20,25)$, $E(30,10,25)$, $F(20,15,10)$, $G(10,0,20)$

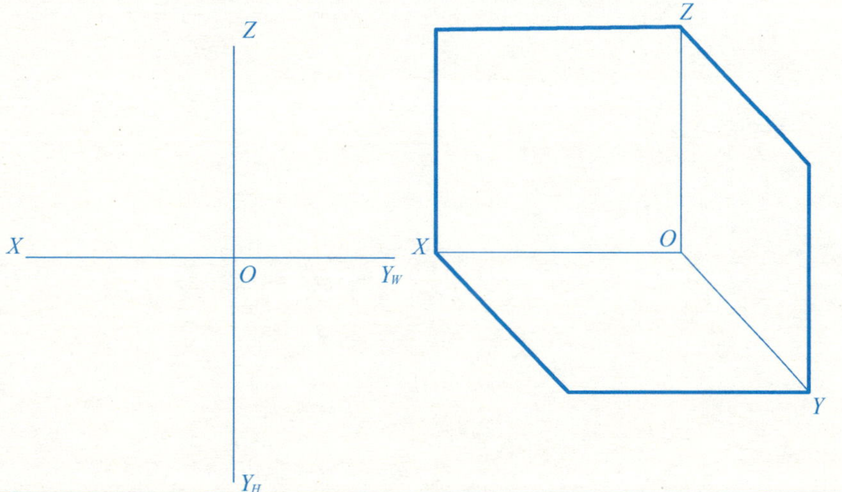

2—5　根据点的两面投影，求第三投影，并判定其相对位置。

(1)

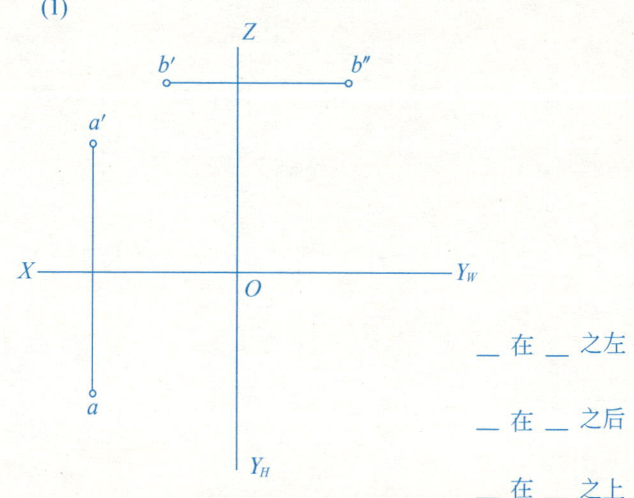

__ 在 __ 之左

__ 在 __ 之后

__ 在 __ 之上

(2)

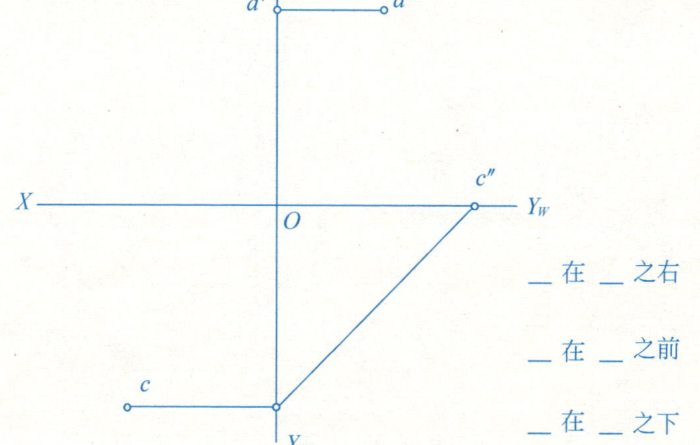

__ 在 __ 之右

__ 在 __ 之前

__ 在 __ 之下

班级　　　　姓名　　　　学号

2—6　已知点 B 在点 A 的正上方 10，点 C 在点 B 的正左方 10，求 A、B、C 的三面投影，并标明其可见性。

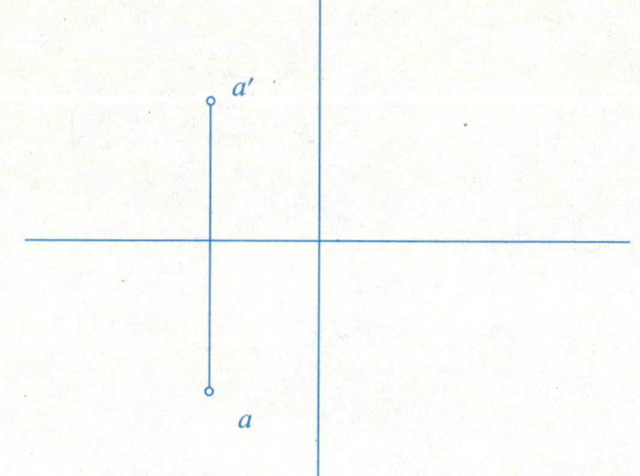

2—8　已知两直线 AB 和 CD 的端点坐标分别为 $A(30,5,20)$，$B(5,20,10)$，$C(40,10,0)$，$D(10,30,0)$。作出两直线的投影图。

2—7　根据点的坐标值，判定投影的可见性(可见的画√，不可见的画×)。

点 坐标	A	B	C	D
X	30	30	25	30
Y	20	15	20	15
Z	10	10	10	20

投　影	a	a′	b	b′	c	c′	d	d′
可见性								

2—9　已知长方体的投影图，试判定棱线 AB、AC、CD 与投影面的相对位置，并标明其侧面投影。

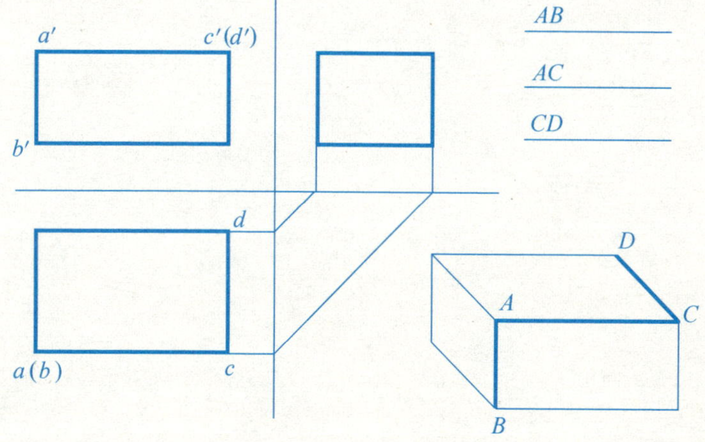

2—10　注出三棱锥 SABC 各棱线的水平和正面投影，并判定它们属于哪类直线。

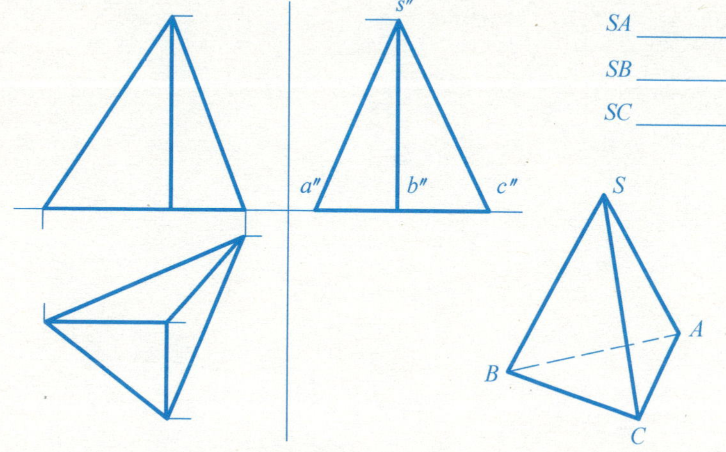

2—11　过点 A 向右前作 $AB=25$，$\beta=45°$ 的水平线，向上作 $AC=20$ 的铅垂线。

2—12　求直线 AB、CD 和 EF 的第三投影。

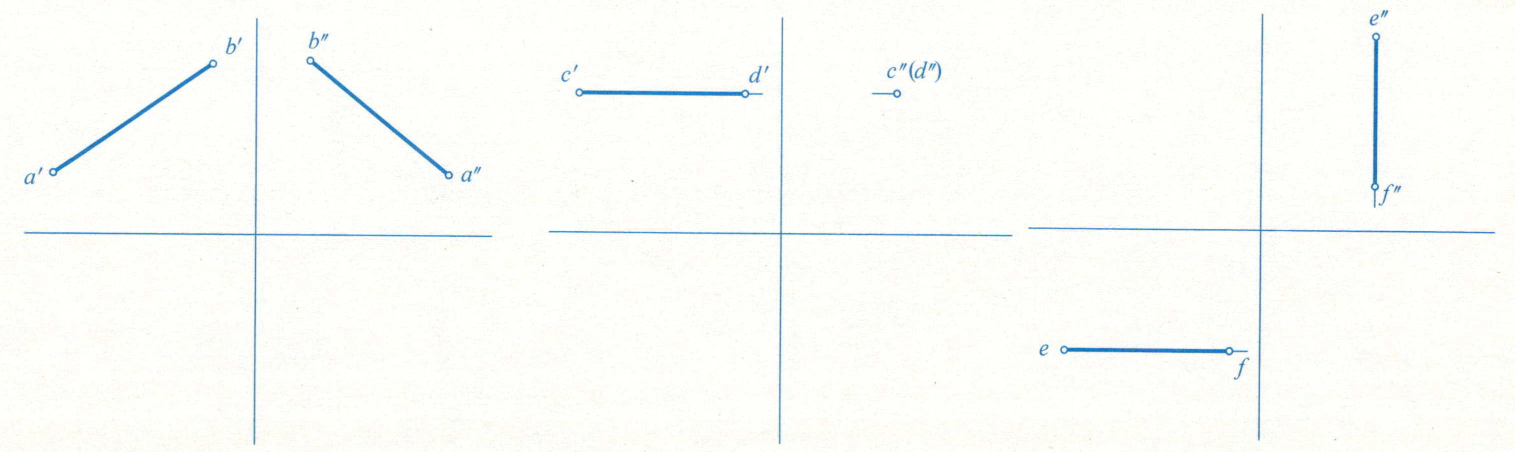

班级　　　　姓名　　　　学号

2—13　分别求出直线 AB、CD 和 EF 的实长及其倾角 α 和 β。

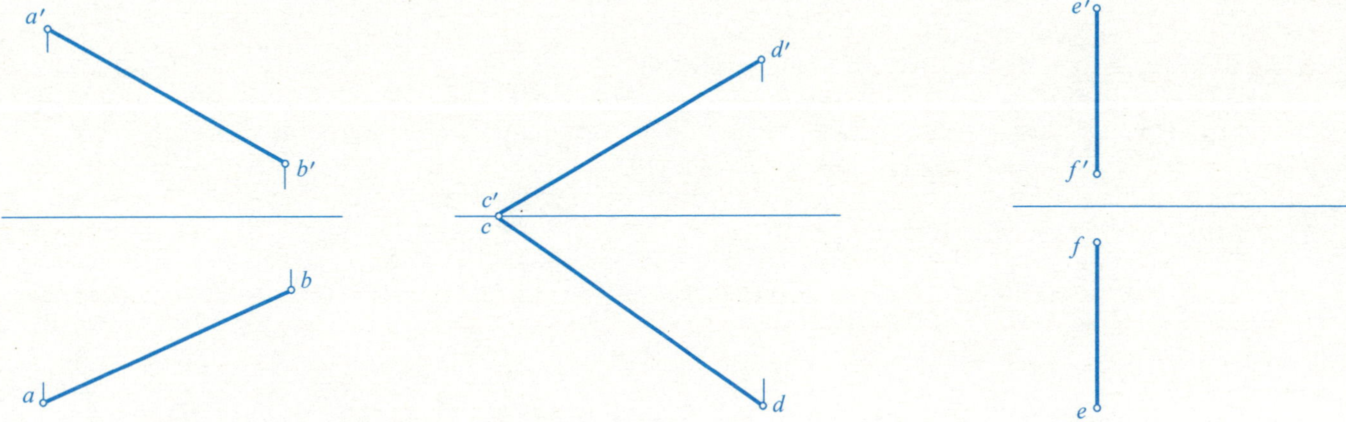

2—14　已知直线 $AB=50$，求其正面投影 $a'b'$ 和与 W 面的倾角 γ。

2—15　已知直线 AB 与 V 面的倾角 $\beta=30°$，求其水平投影 ab。

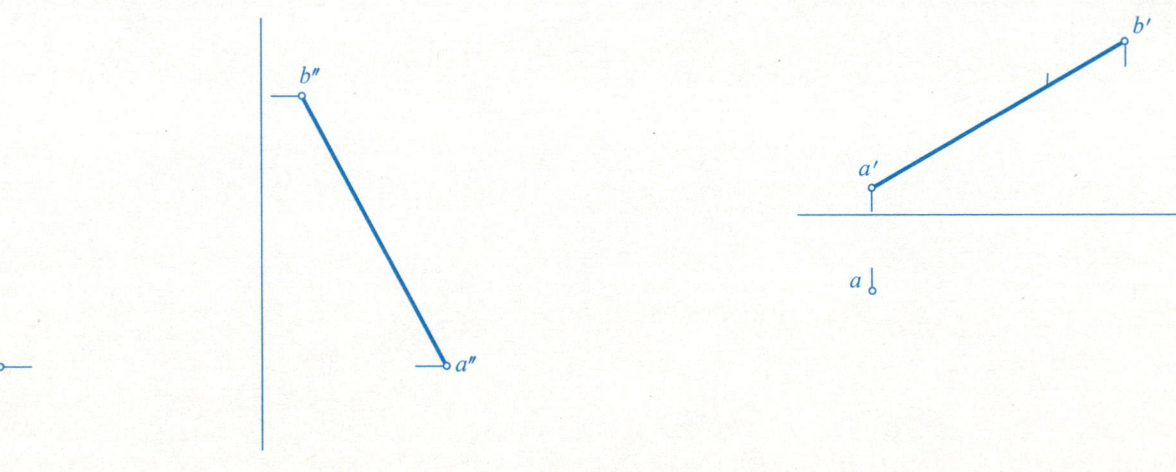

2—16　判定点 K 是否在直线 AB 上。

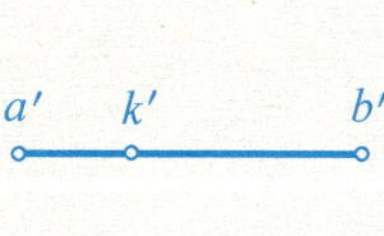

2—17　在直线 AB 上找一点 K，使 $AK:KB=3:2$。

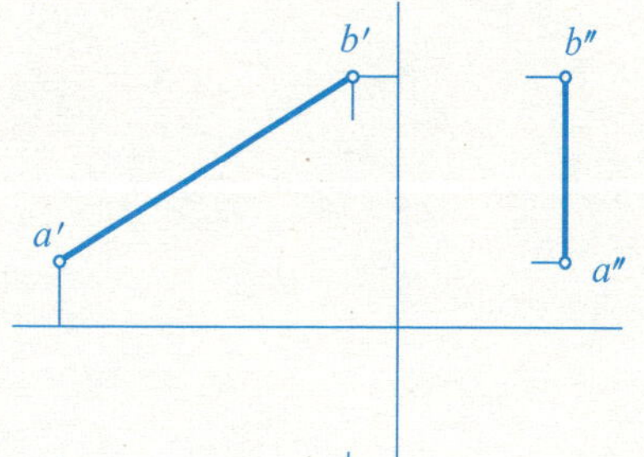

2—18　直线 AB 上找一点 C，使 $AC=30$。

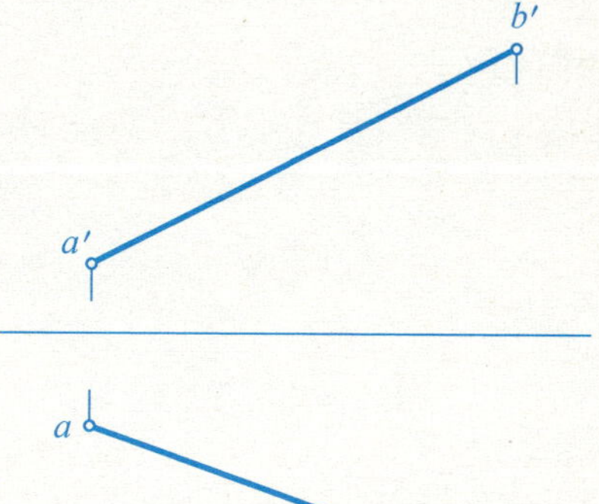

2—19　判定下列各对直线的相对位置（平行、相交、交叉、相交垂直、交叉垂直）。

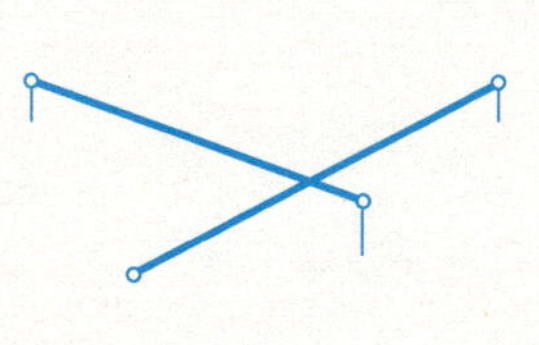
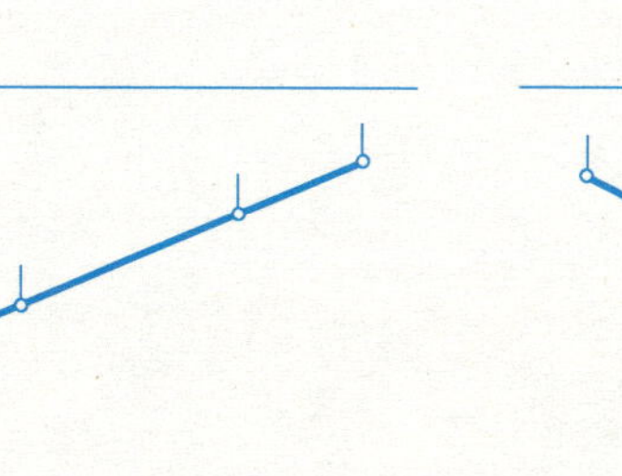
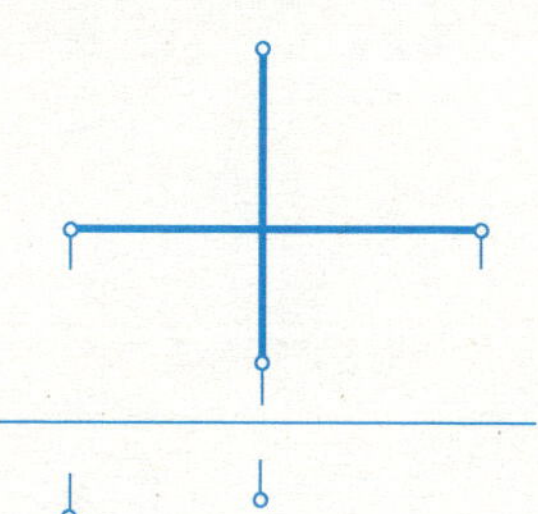
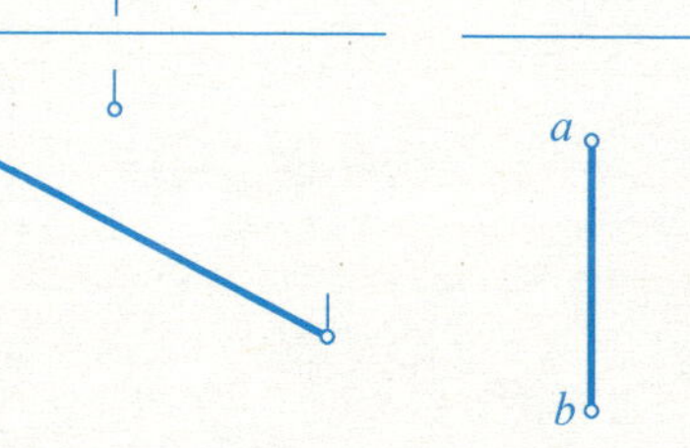
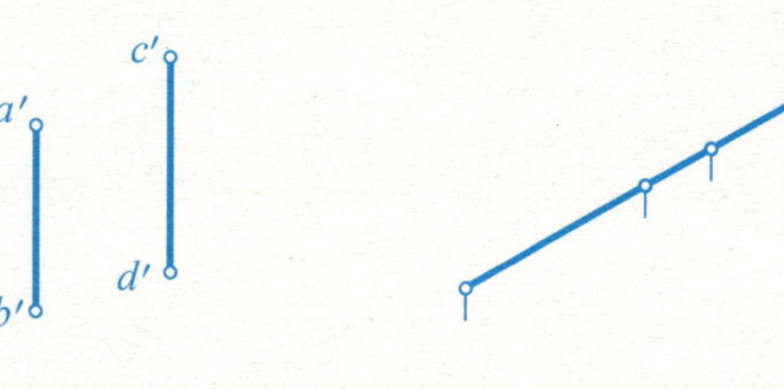

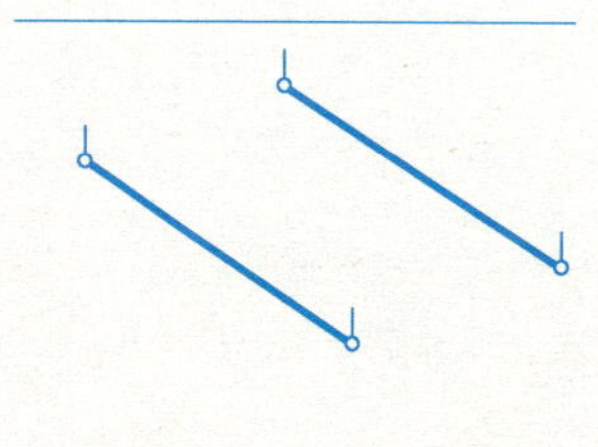
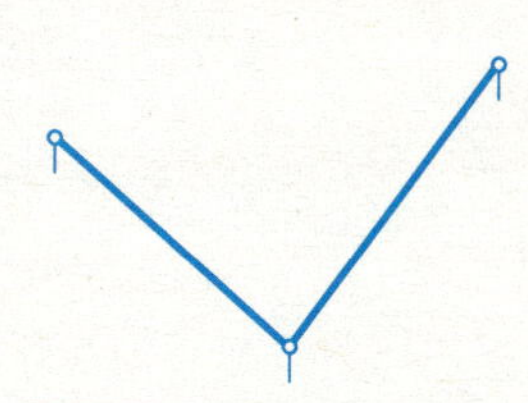
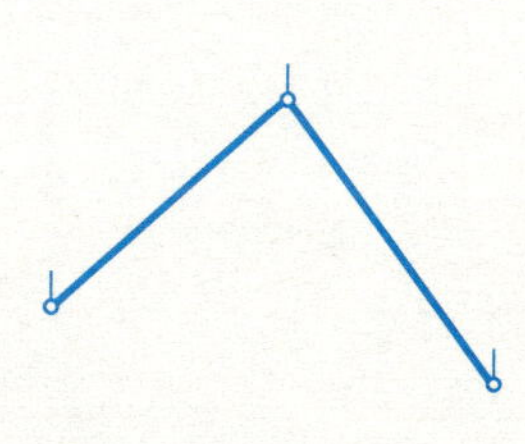

2—20　求点 M 到直线 AB 的距离。

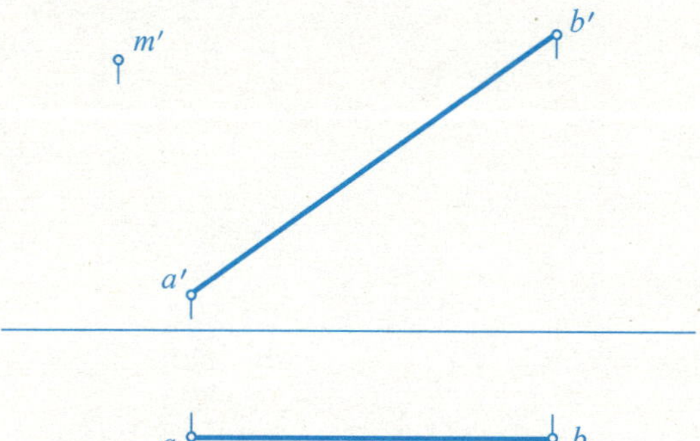

2—21　作一距 H 面为 20 的水平线，与两交叉直线 AB、CD 相交。

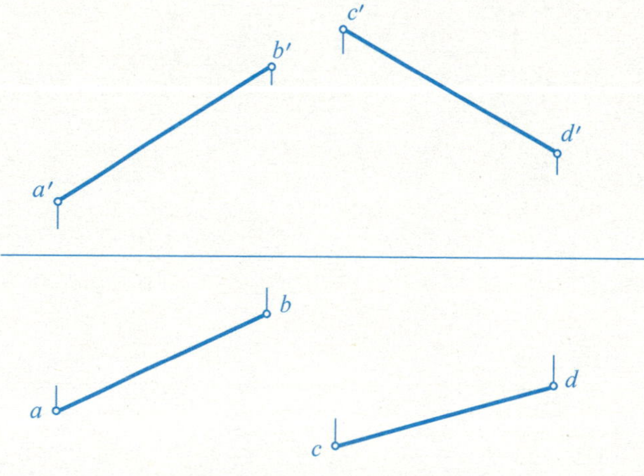

2—22　判定两条交叉直线 AB、CD 对 V、W 面重影点投影的可见性。

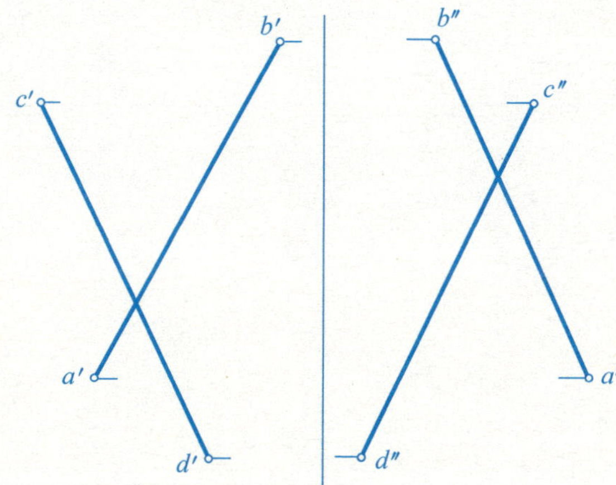

2—23　已知矩形 $ABCD$ 的顶点 D 在 EF 上，完成该矩形的两面投影。

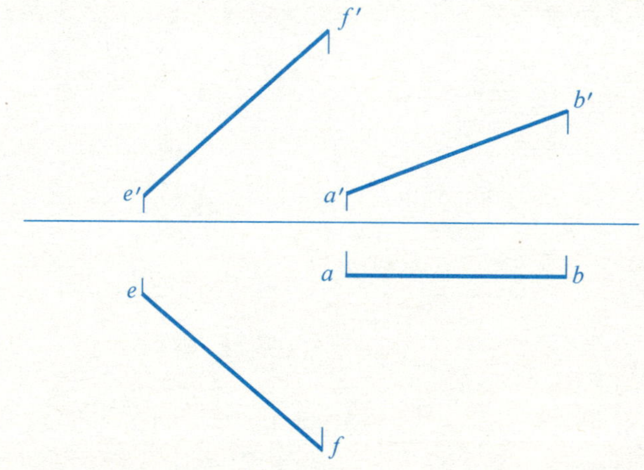

2—24　试求两条直线 AB、CD 之间的距离。

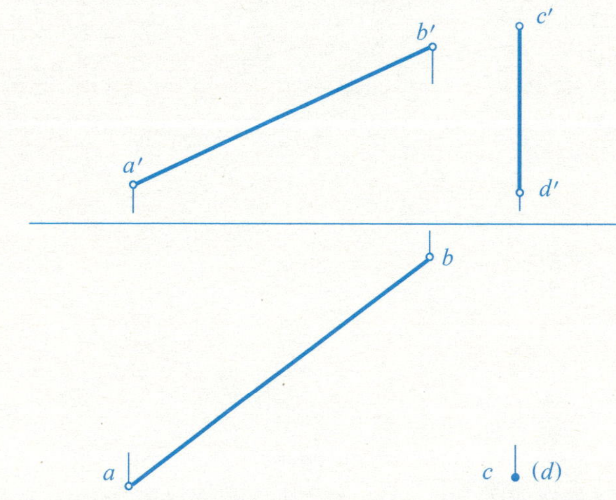

2—25　已知正方形 $ABCD$ 的对角线位于侧平线 EF 上，试完成该正方形的正面、侧面投影。

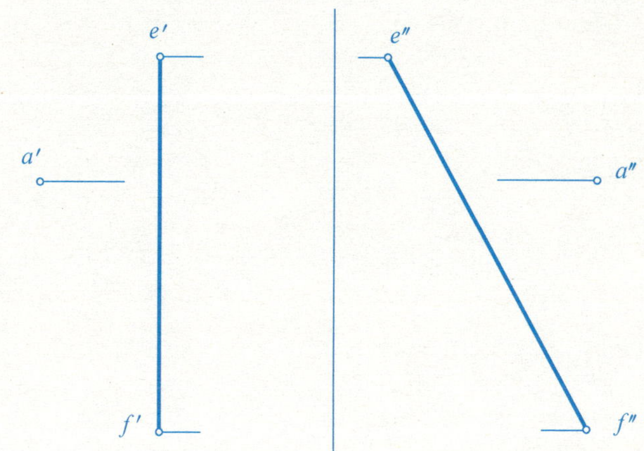

2—26　判定下列平面与投影面的相对位置及其与投影面的倾角。

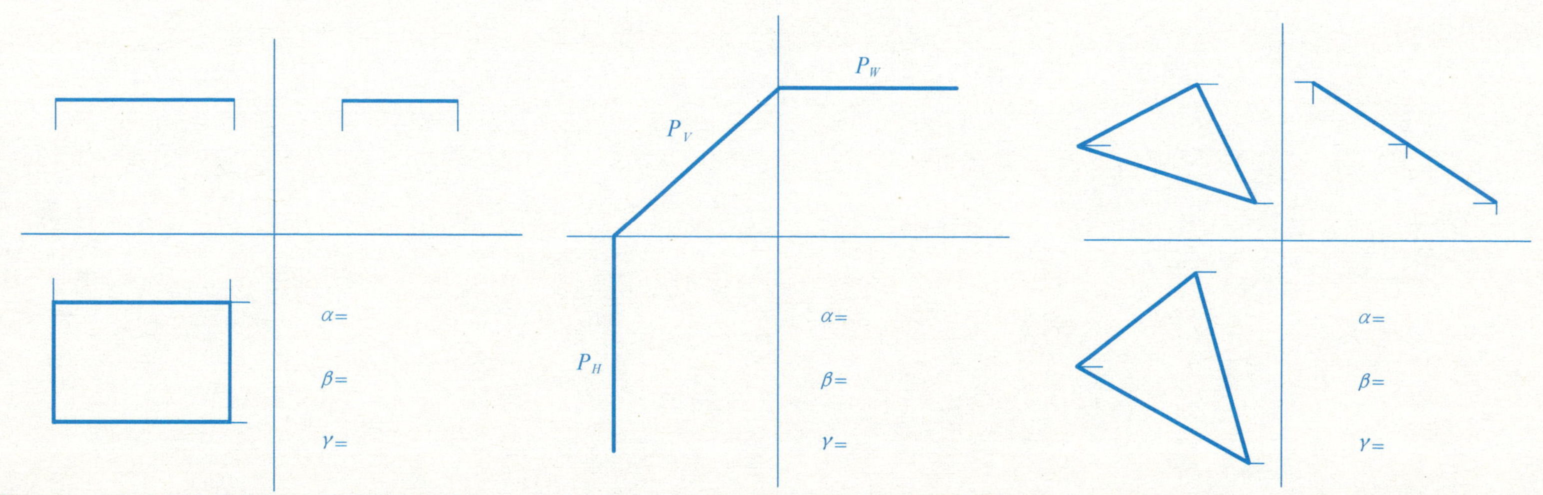

2—27　求下列平面的第三投影，并判定它们与投影面的相对位置。

(1)

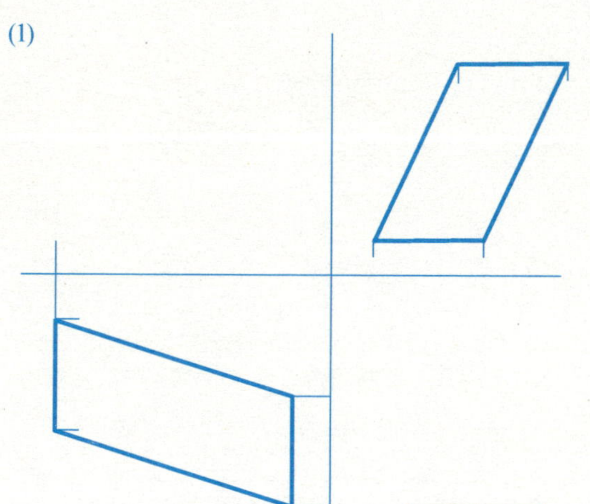

(2)

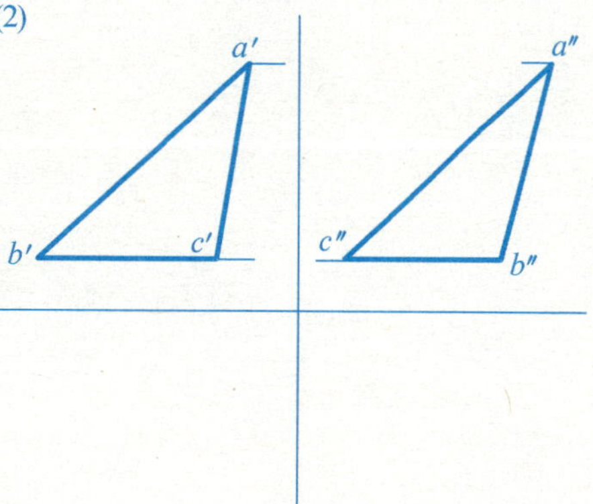

2—28　判定△ABC 的倾斜方向。

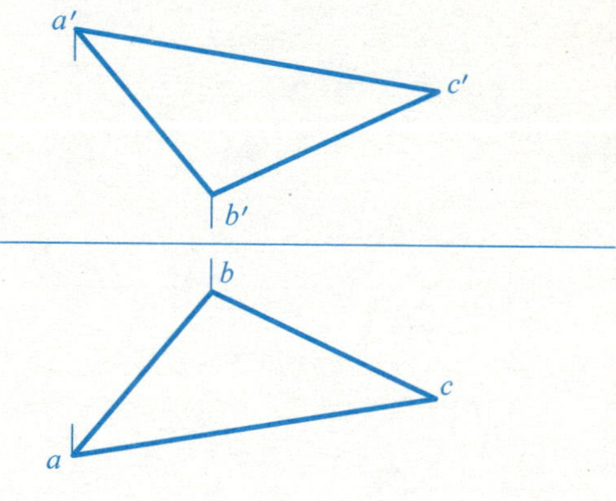

2—29　试判定 A、B 两点是否在下列平面内。

(1)

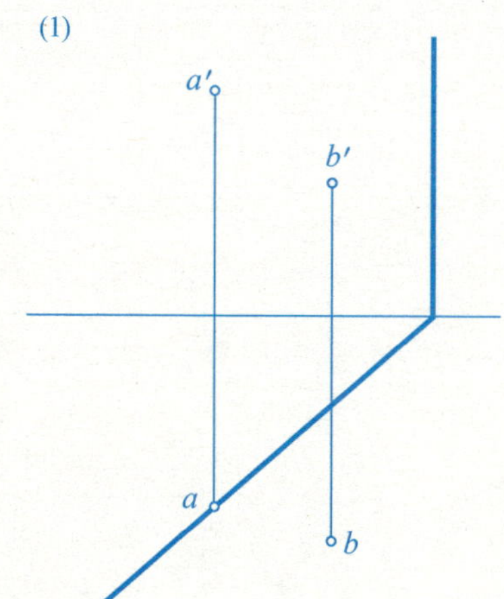

(2)

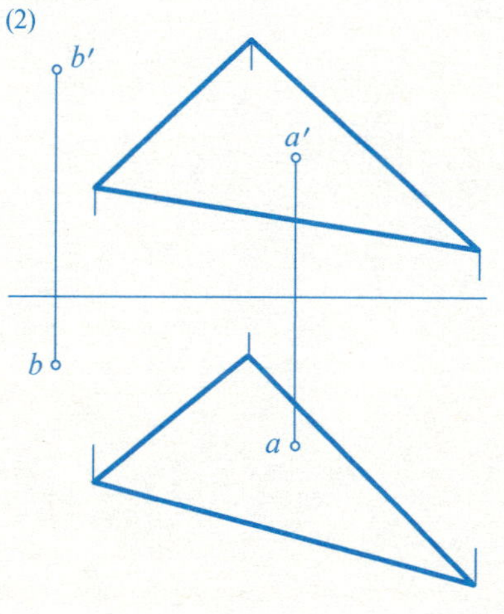

(3)

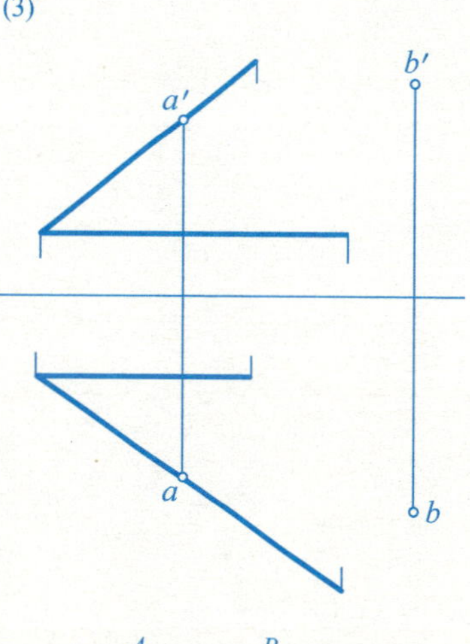

(4)

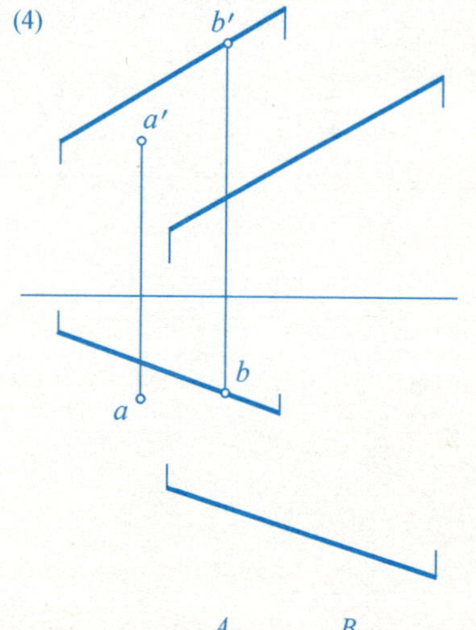

班级　　　　姓名　　　　学号

2—30　已知 *K*、*M*、*N* 三点在下列平面内，根据一个投影求出另一投影。

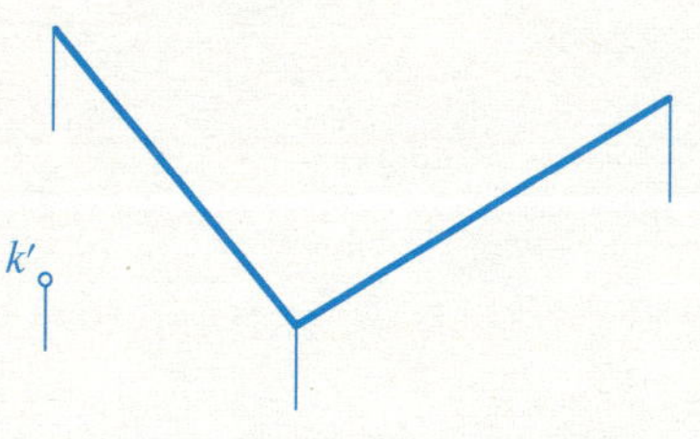

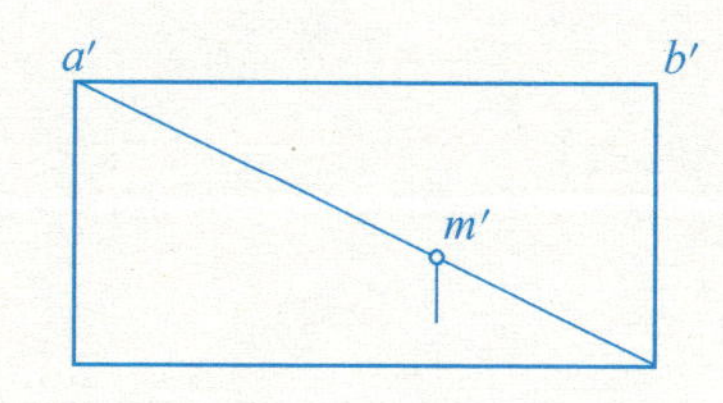

2—31　判定四边形 *ABCD* 是否为平面四边形。

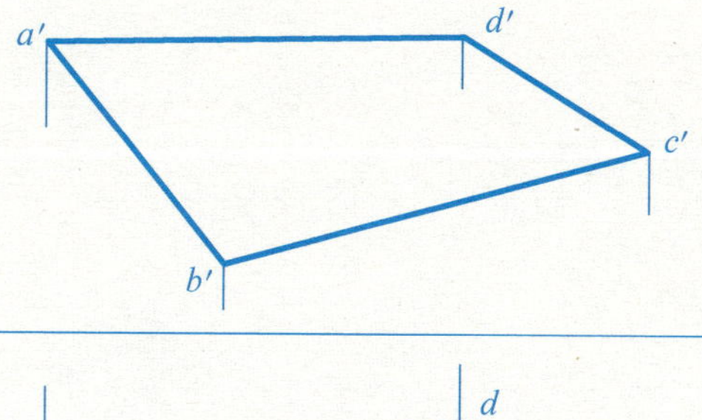

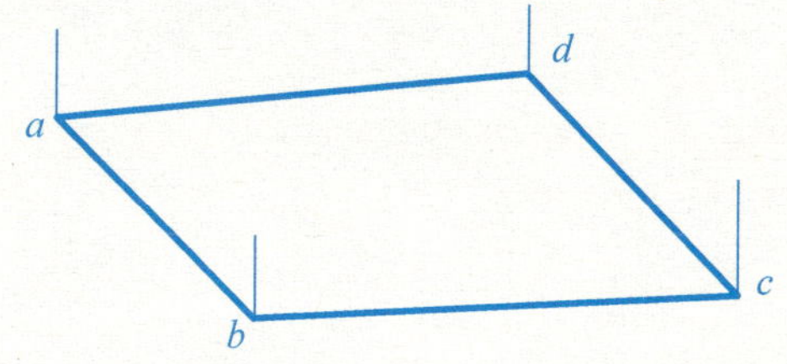

2—32　完成平面五边形的正面投影。

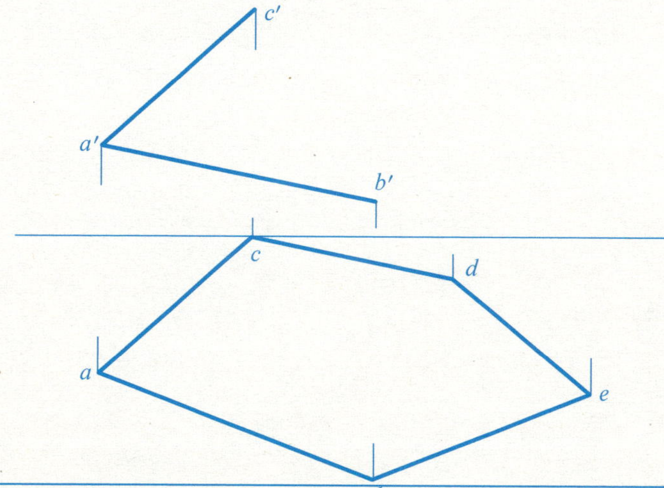

2—33　判定 3 条相互平行的直线是否在同一平面内。

2—34　已知直线 CD 在△ABC 平面内，试求 $c'd'$。

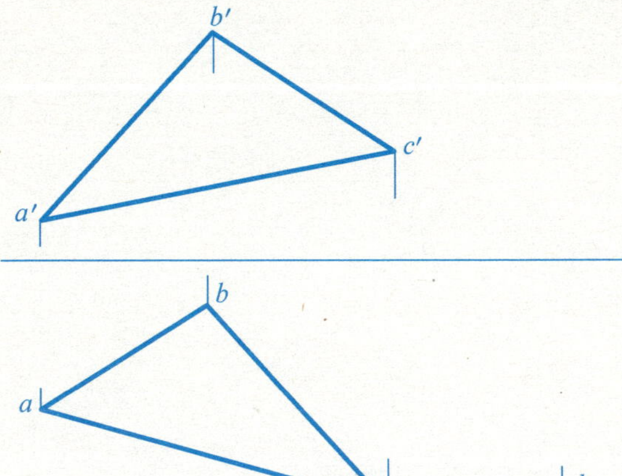

2—35　分别过直线 AB 和 CD，作铅垂面 P 和与 H 面成 30°角的正垂面 Q（P、Q 均用迹线表示）。

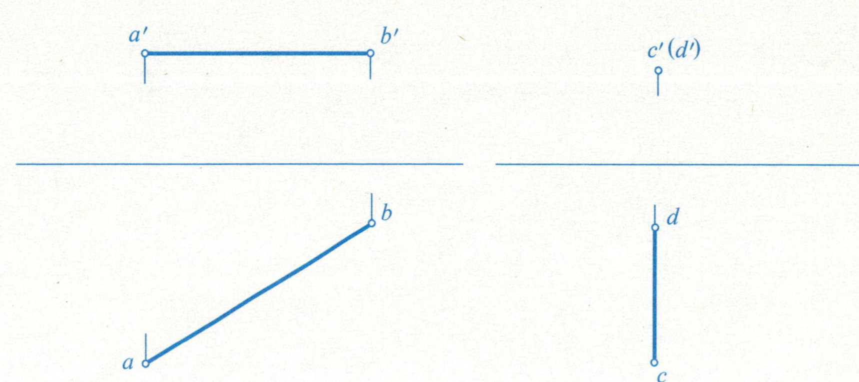

2—36　试在△ABC 内取一点 K，距 H 面、V 面均为 20。

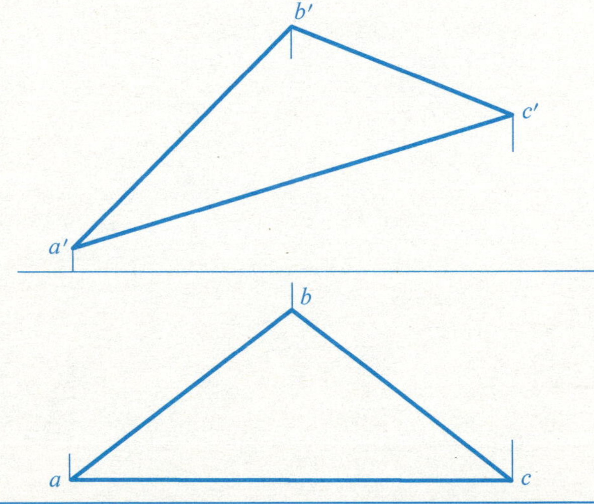

2—37　已知正方形 $ABCD$ 为正垂面，其对角线为 AC，完成该正方形的投影图。

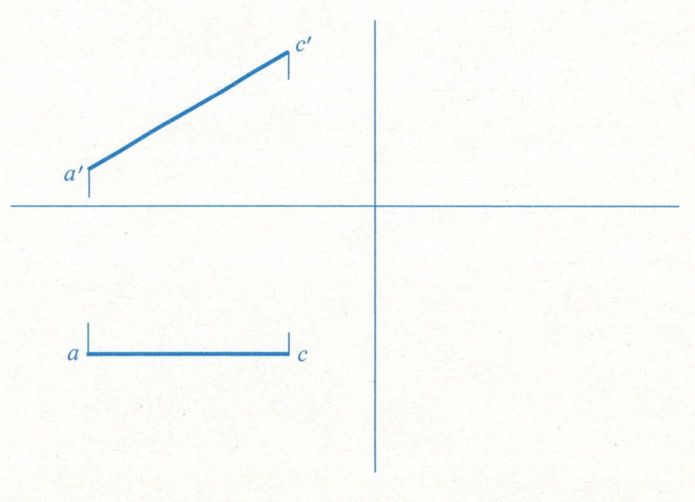

2—38　已知直线 AB 为△ABC 的最大坡度线，完成该三角形的投影图。

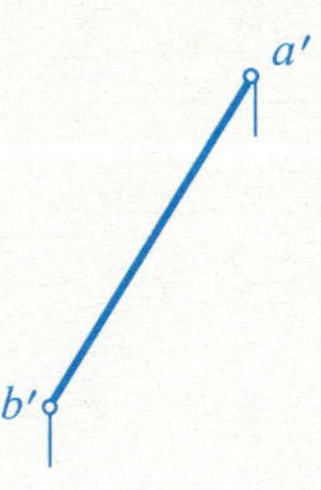

2—39　求由两条平行线 AB、CD 所确定的平面与 H 面的倾角 α。

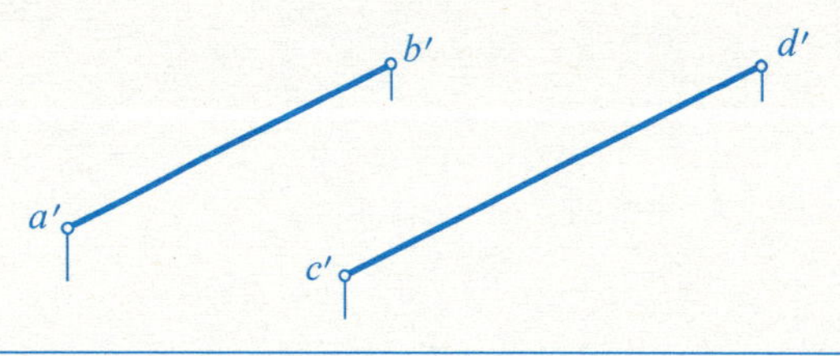

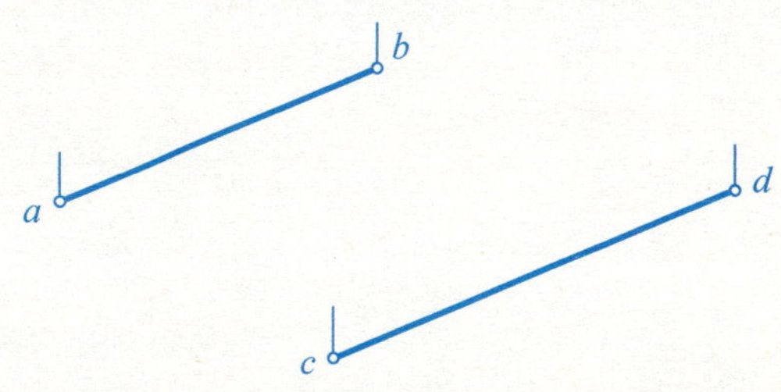

2—40　已知 AB 为平面 P 的最大坡度线，求平面 P 对 V 面的最大斜度线 AC。

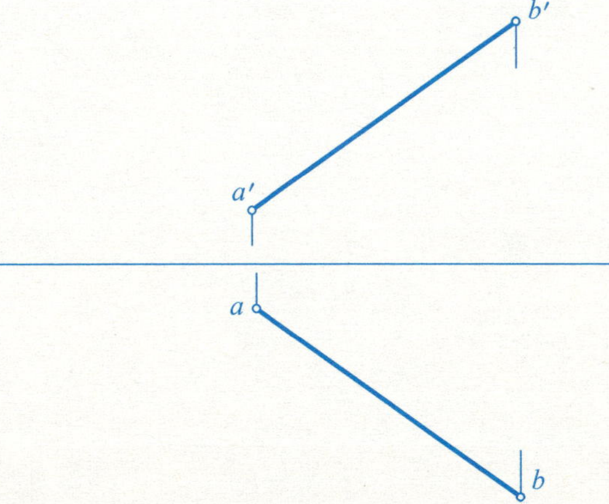

2—41　包含直线 AB 作一平面，与直线 CD 平行。

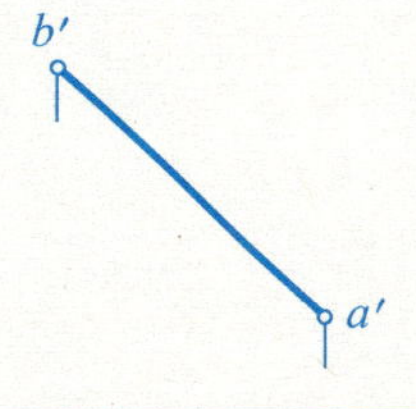

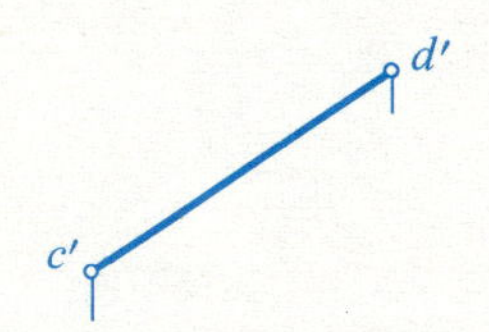

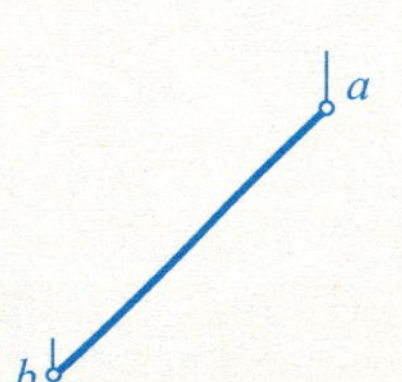

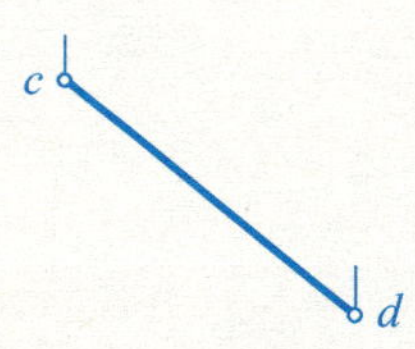

三、直线与平面、平面与平面的相对位置

班级　　　姓名　　　学号

3—1　判定下列直线与平面是否平行。

(1)

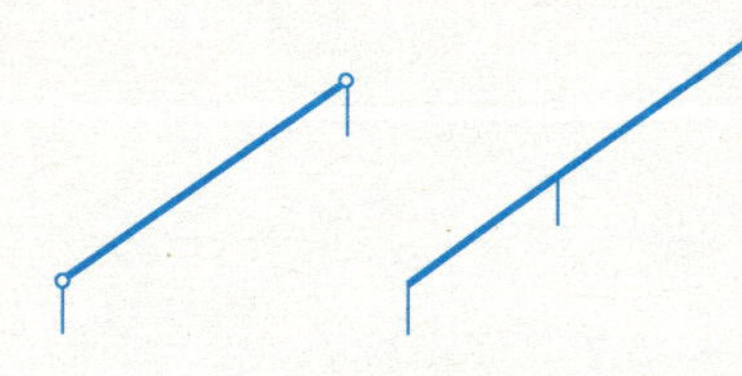

(2)

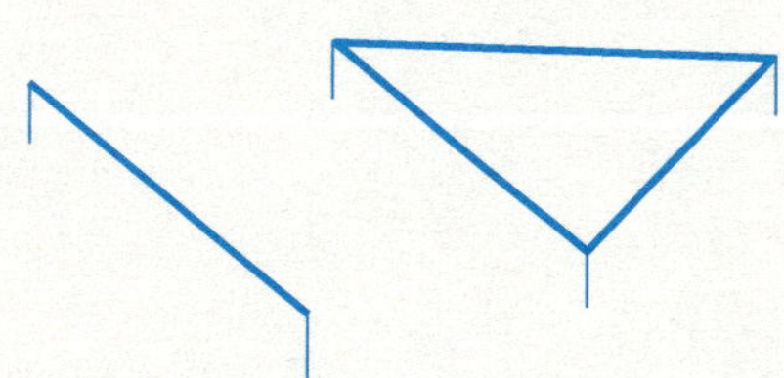

(3)

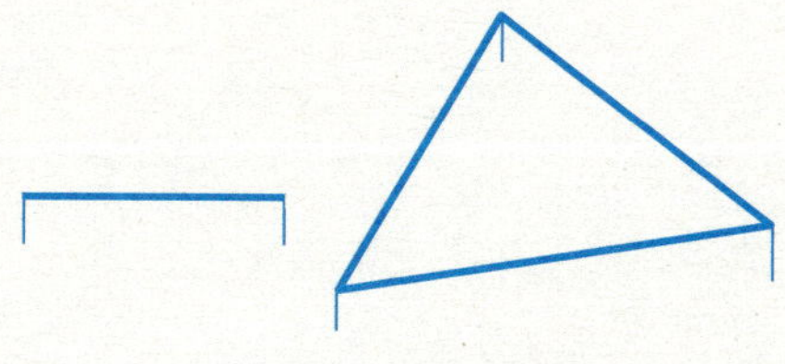

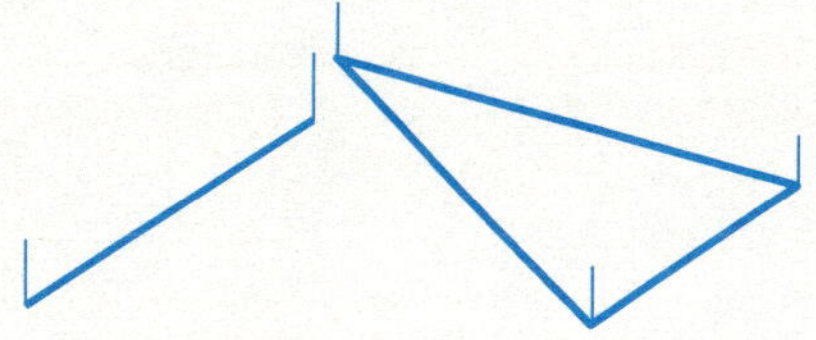

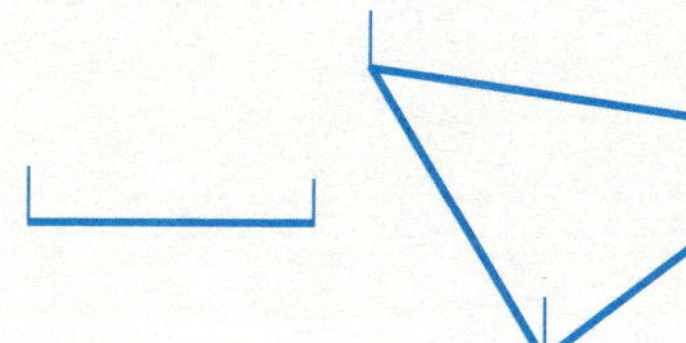

3—2　求下列直线与平面的交点 K，并判定其可见性。

(1)

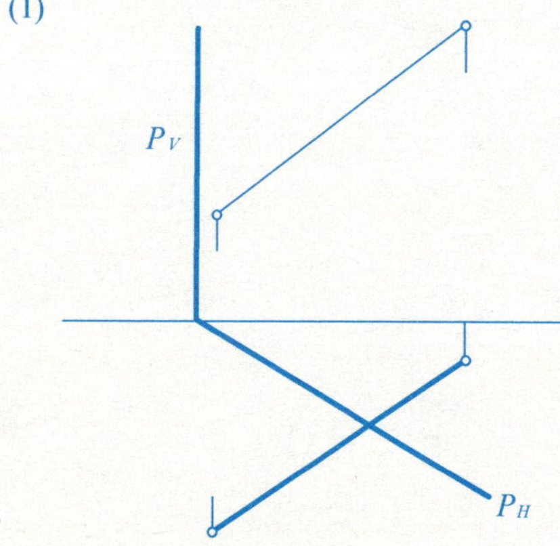

(2)

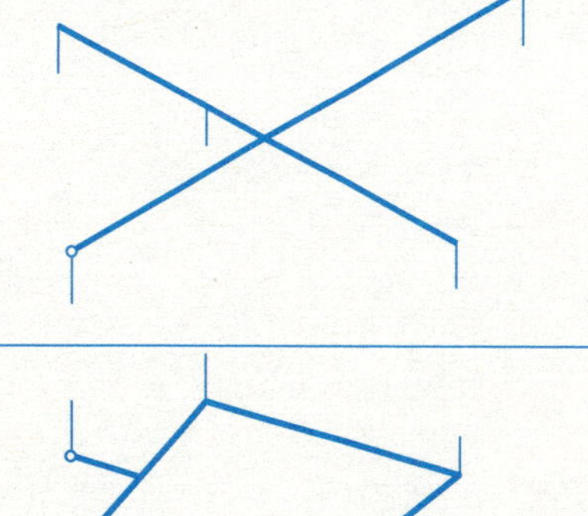

(3)

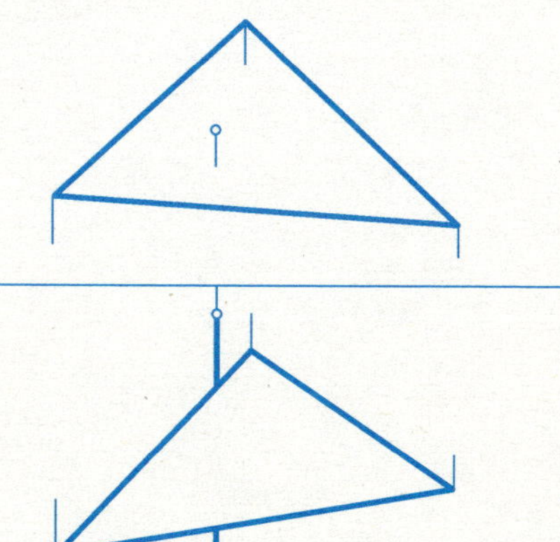

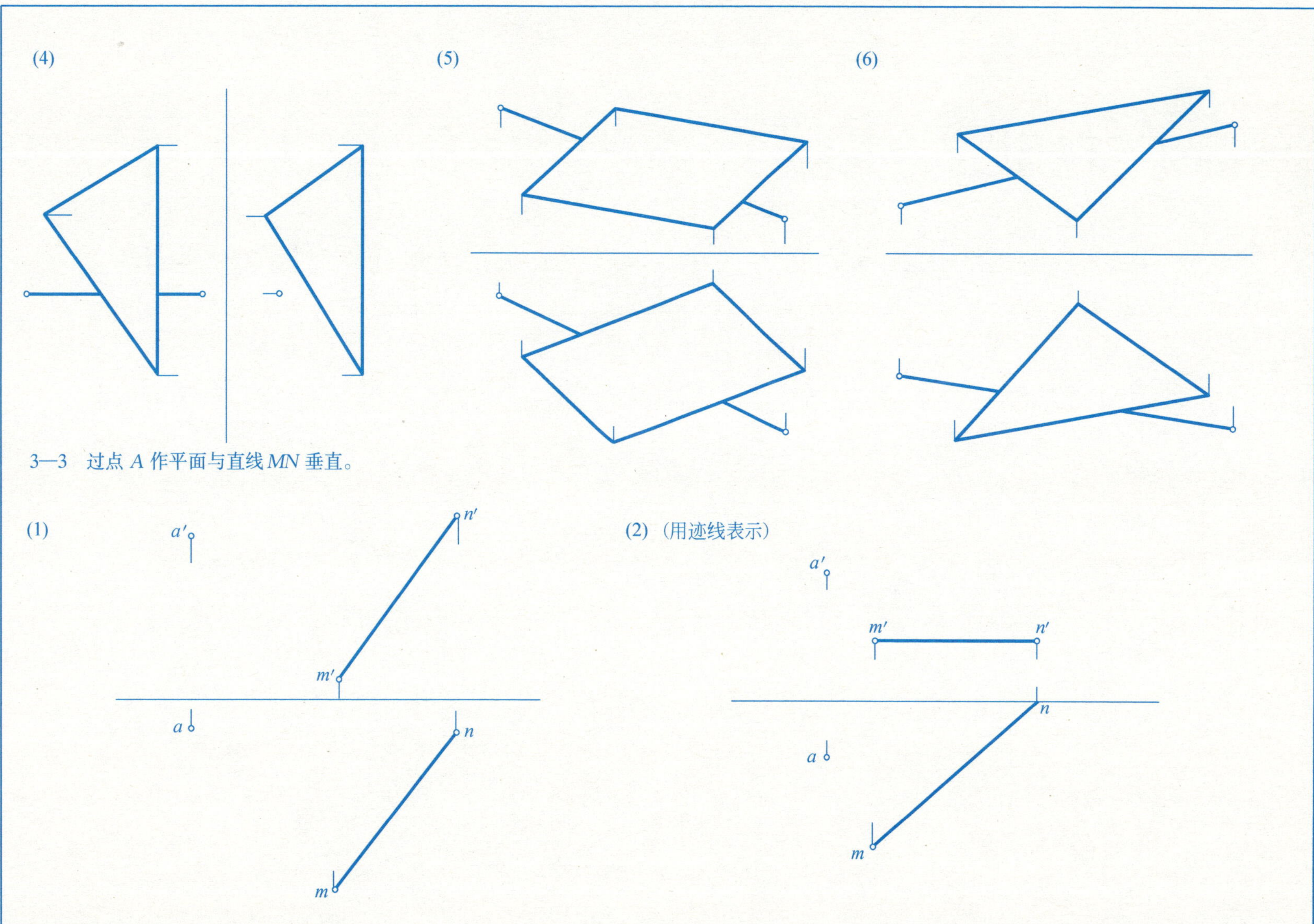
(4)
(5)
(6)
3—3　过点 A 作平面与直线 MN 垂直。
(1)
a′
n′
m′
a
n
m
(2)（用迹线表示）
a′
m′
n′
n
a
m

3—4　求点 K 到△ABC 的距离。

3—5　判定下列直线与平面是否垂直。

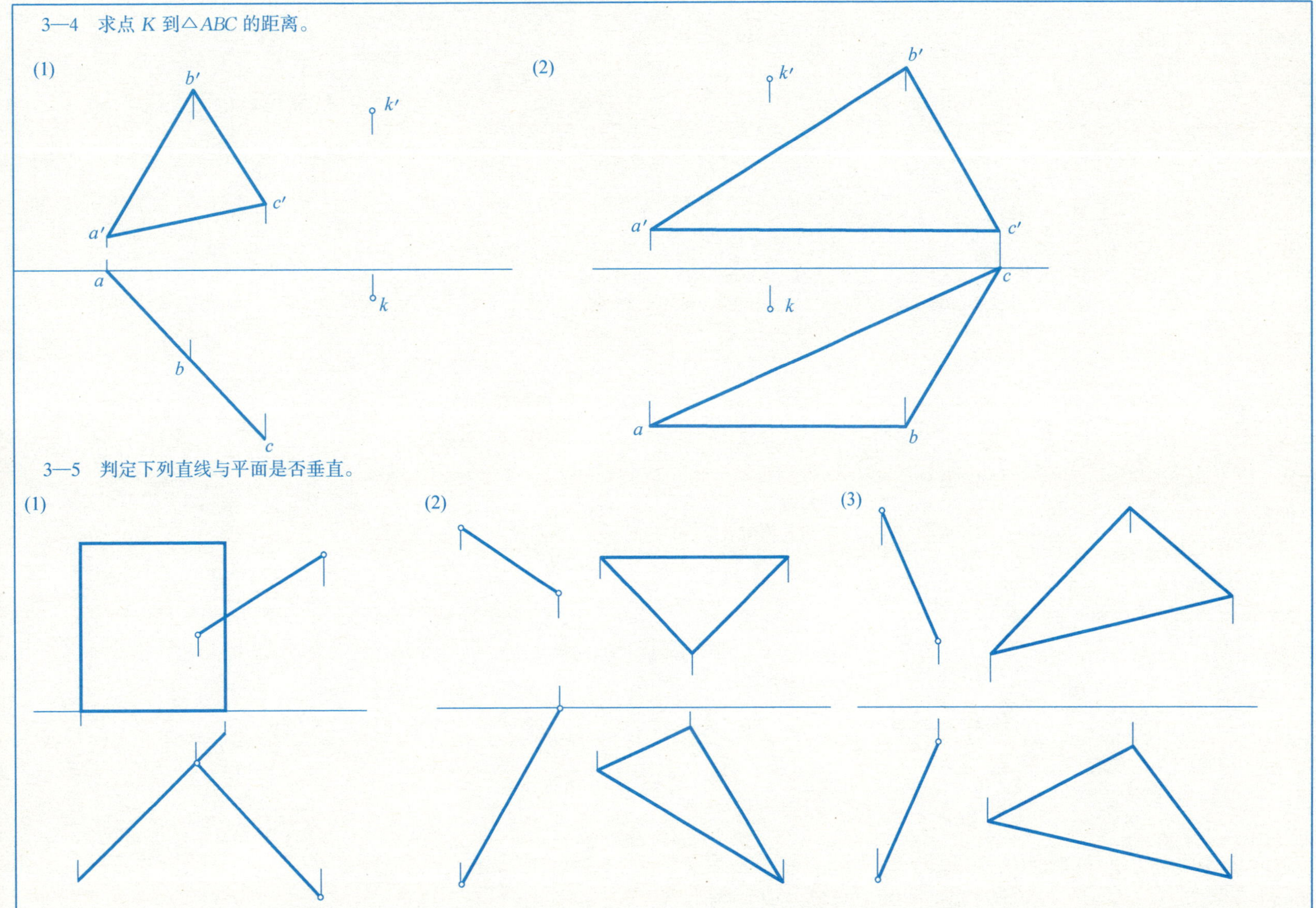

3—6　过点 M 作平面 P（用迹线表示）与△ABC 平行。

3—7　过点 A 作△ABC 与两条平行线 DE、FG 所确定的平面平行。

3—8　判定下列平面与平面是否相互平行。

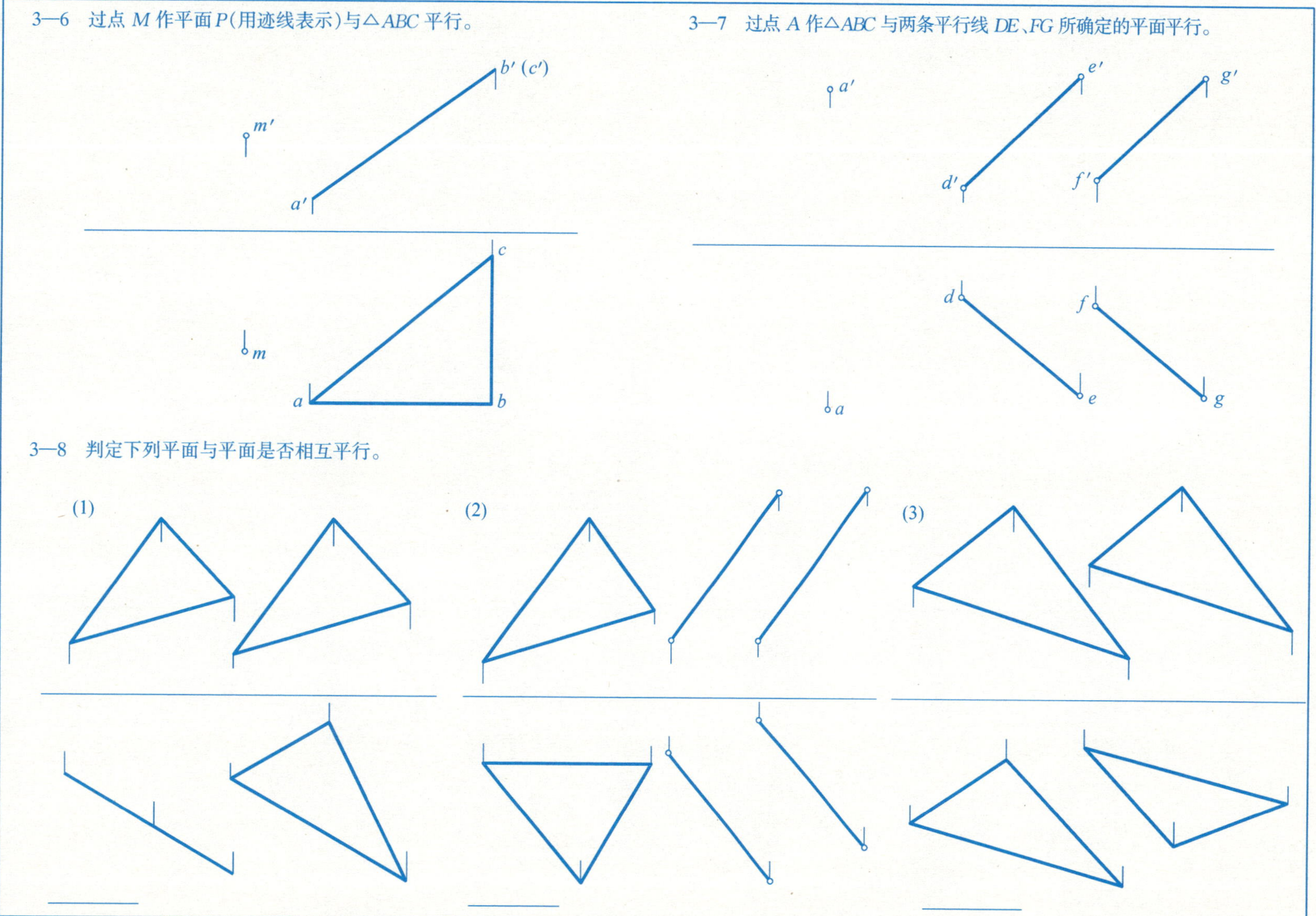

3—9 求下列平面与平面的交线，并判定其可见性。

(1)

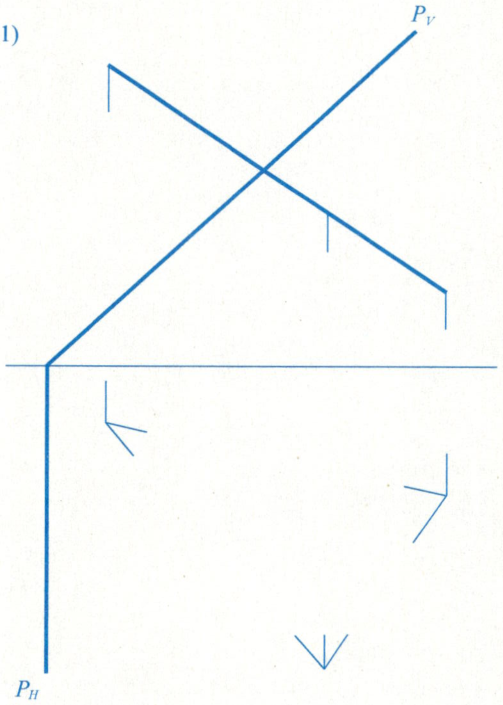

P_V

P_H

(2)

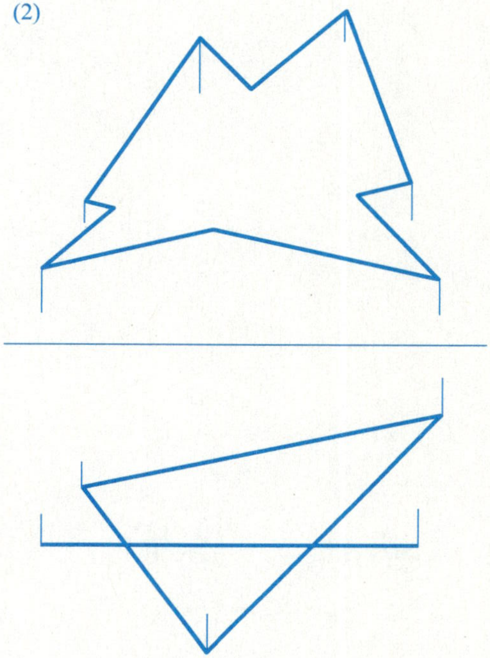

(3)

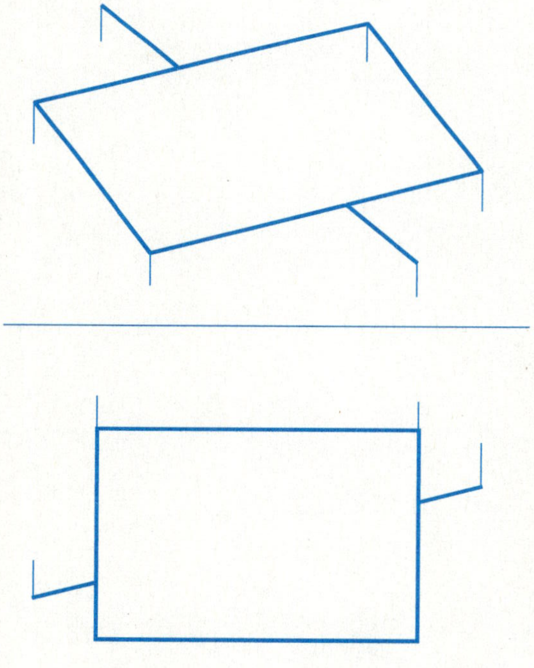

(4)

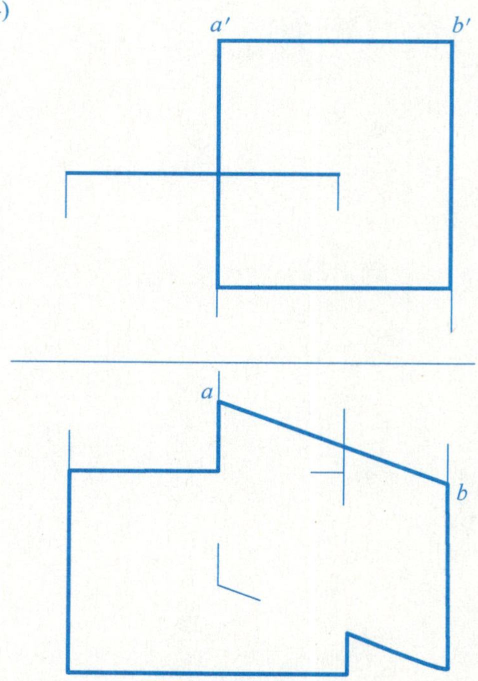

a' b'

a b

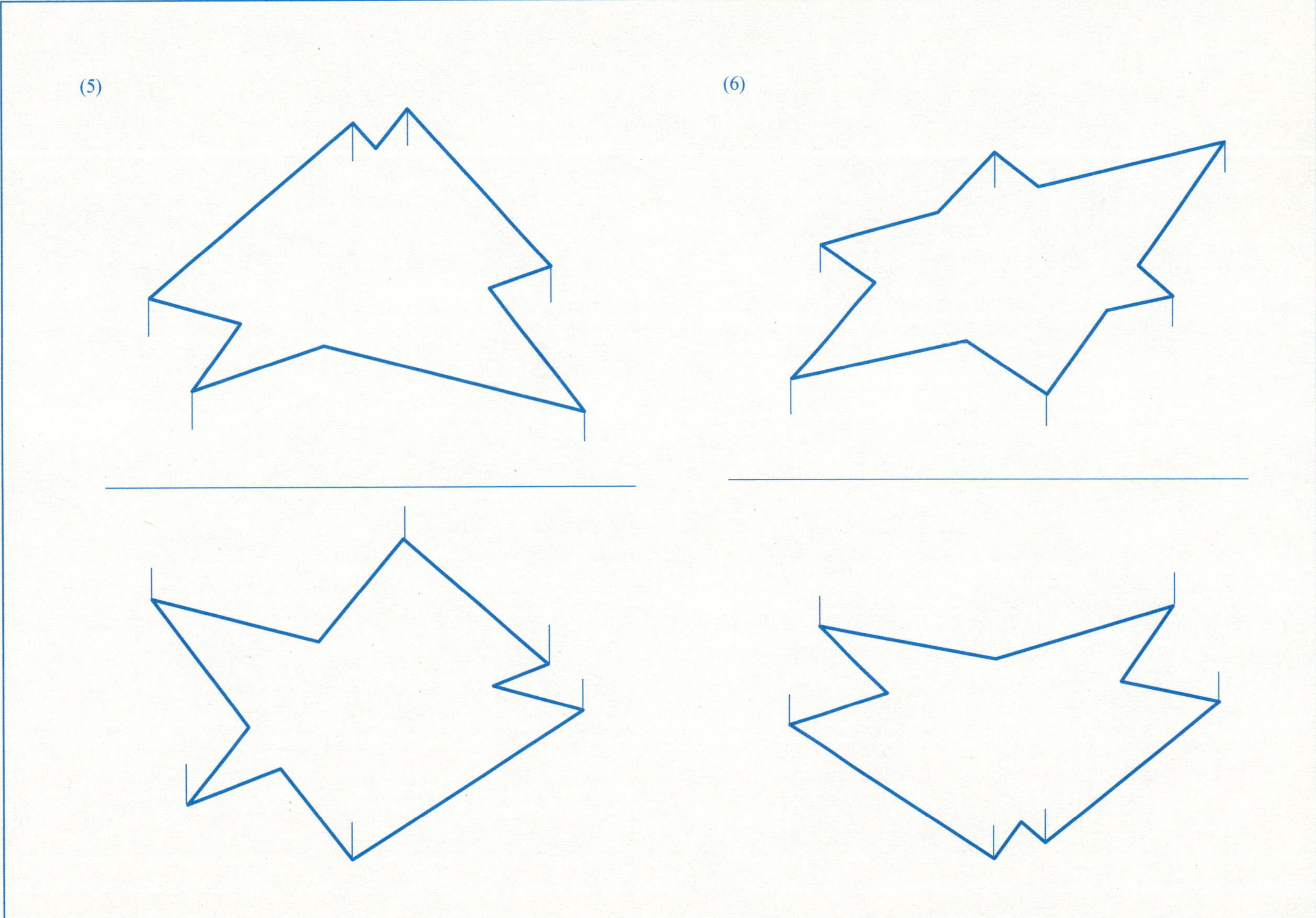
(5)
(6)

3—10　求△ABC与平面$P(DE//FG)$的交线。

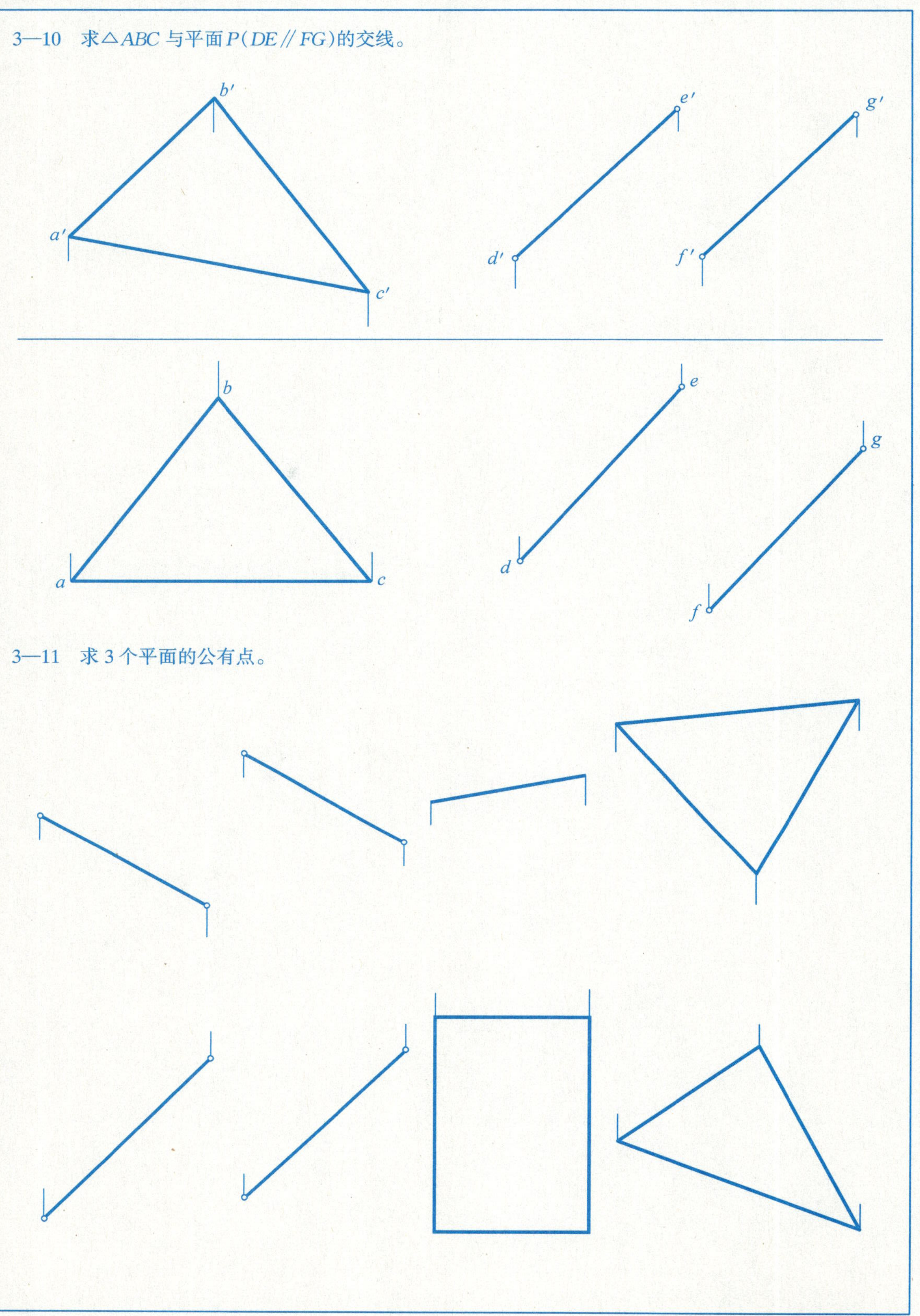

3—11　求3个平面的公有点。

3—12　包含直线 AB 作一平面与△DEF 垂直。

3—13　判定下列平面与平面是否相互垂直。

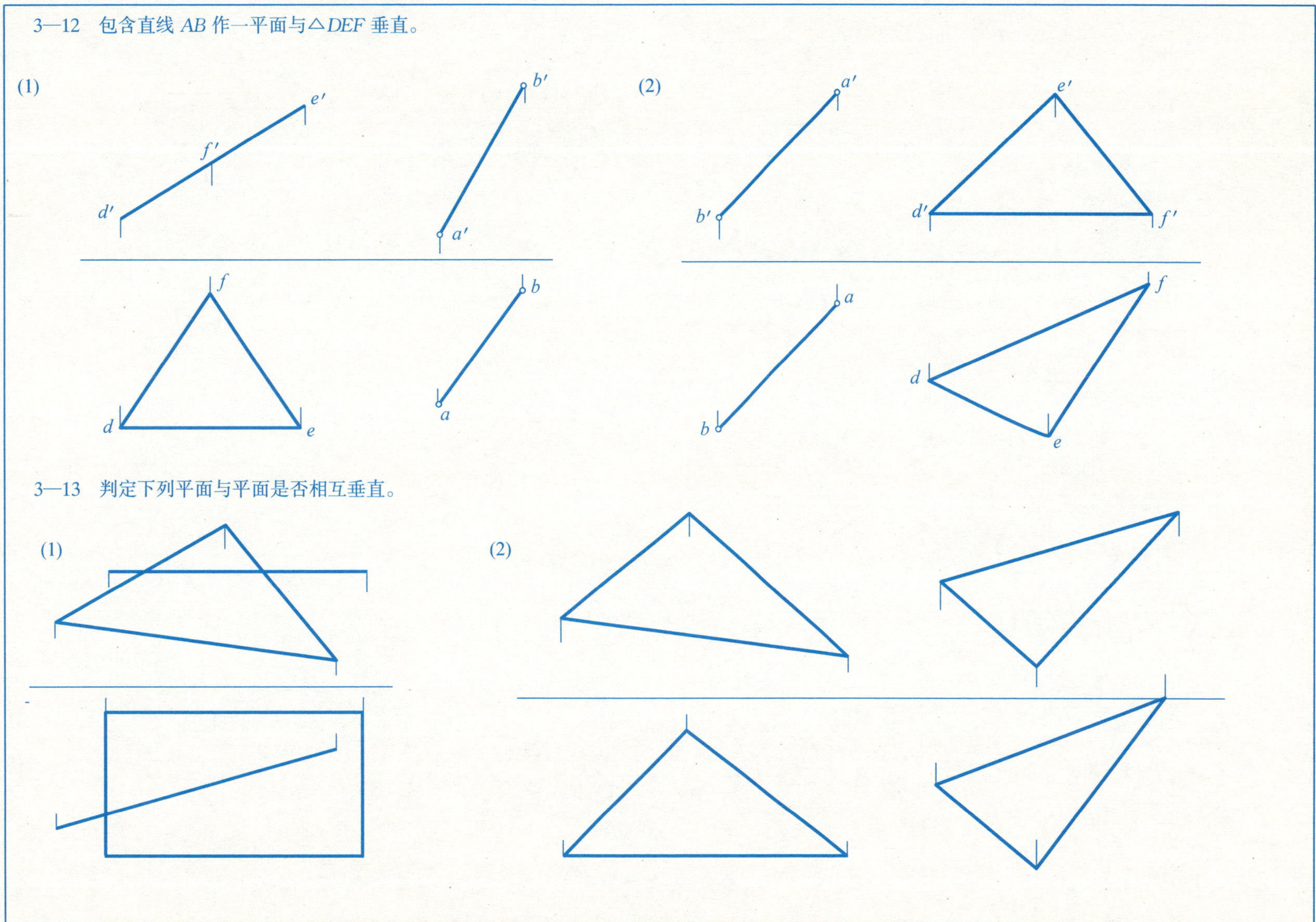

班级　　　　姓名　　　　学号

3—14　完成菱形 $ABCD$ 的正面投影。

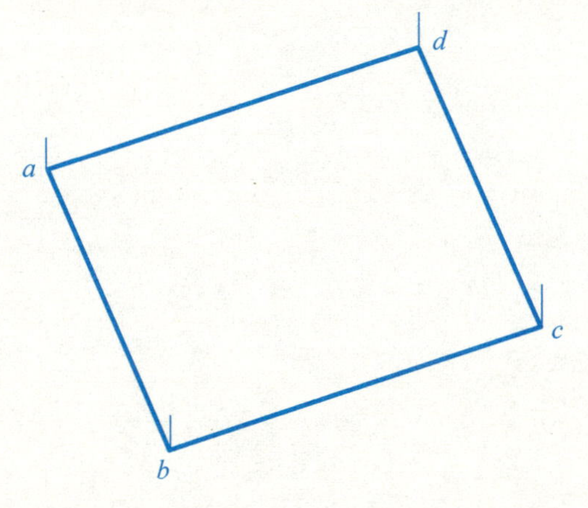

3—15　过点 M 作一平面与直线 AB 平行与△CDE 垂直。

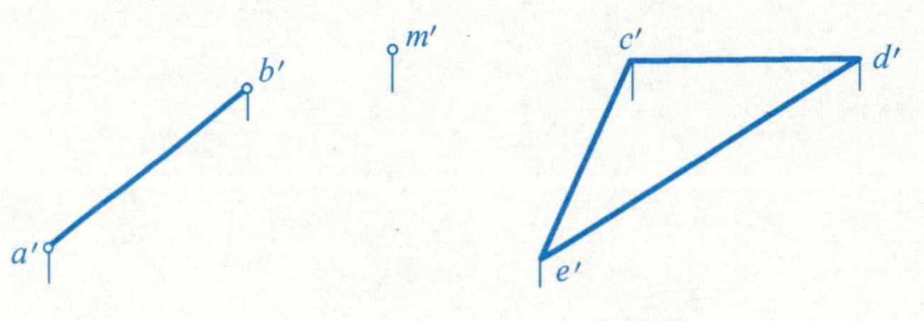

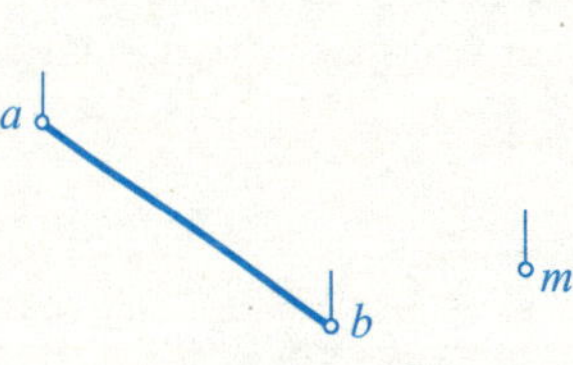

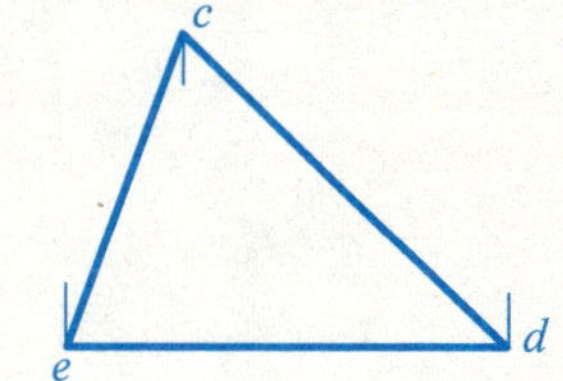

3—16　求点 A 到直线 BC 的距离。

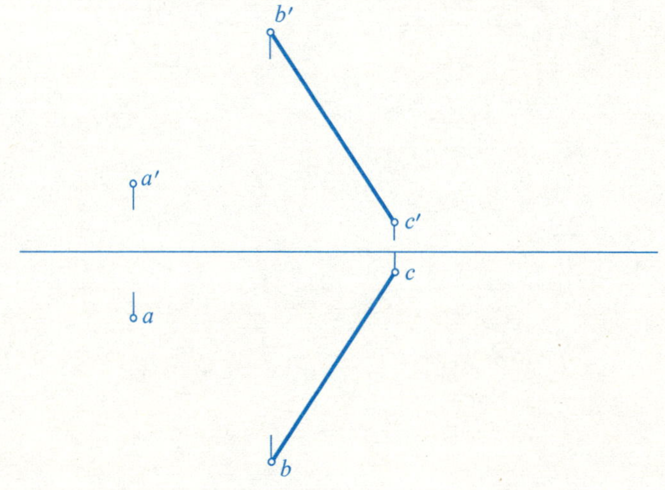

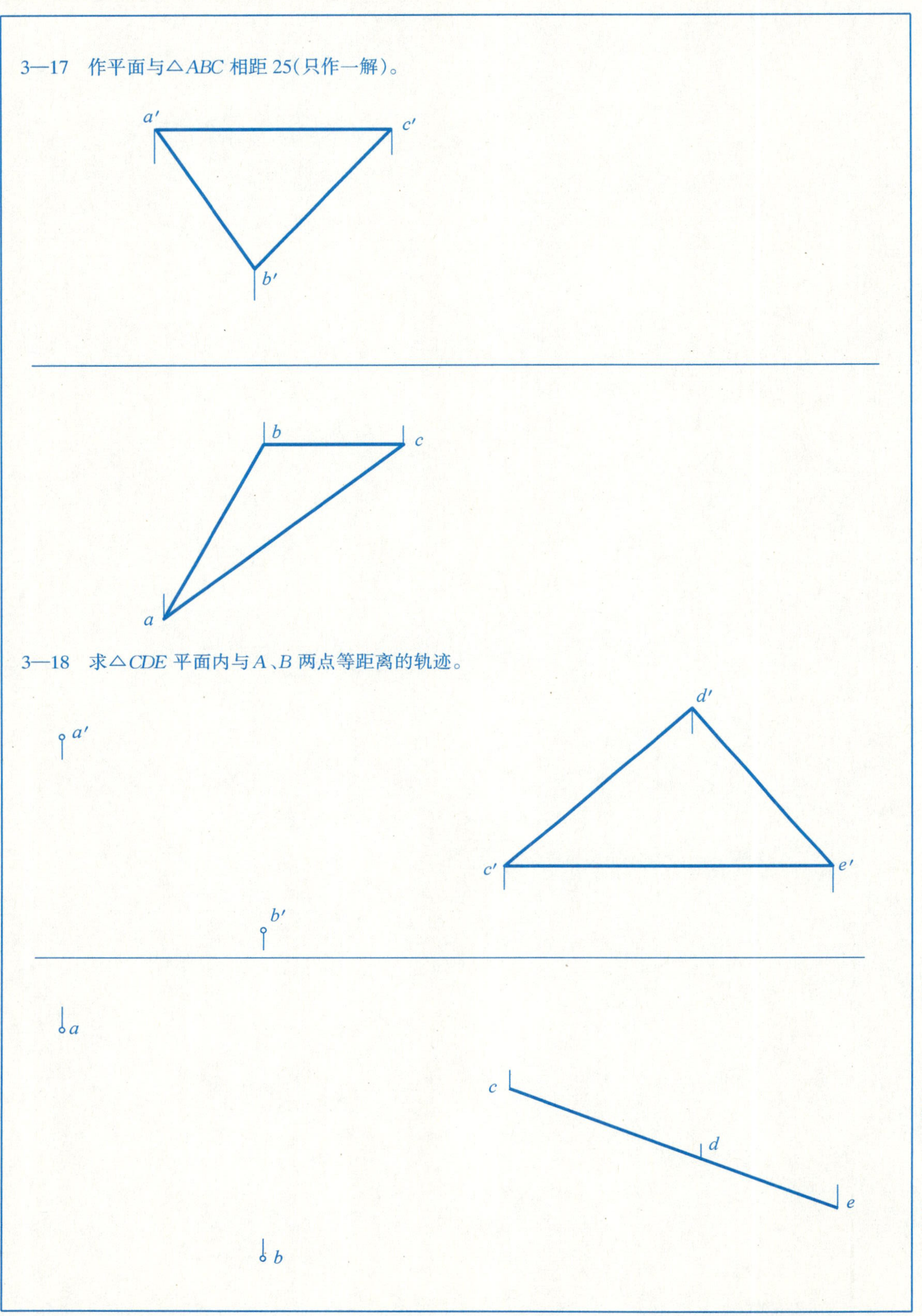
3—17　作平面与△ABC 相距25(只作一解)。
a′
c′
b′
b
c
a
3—18　求△CDE 平面内与A、B 两点等距离的轨迹。
a′
d′
c′
e′
b′
a
c
d
e
b

班级　　　　姓名　　　　学号

3—19　已知点 M 到 $\triangle ABC$ 的距离为 35，求 M 点的水平投影 m。

3—20　已知 $\triangle ABC$ 中 $\angle ACB$ 为直角，AB 为水平线，试完成该三角形的正面投影。

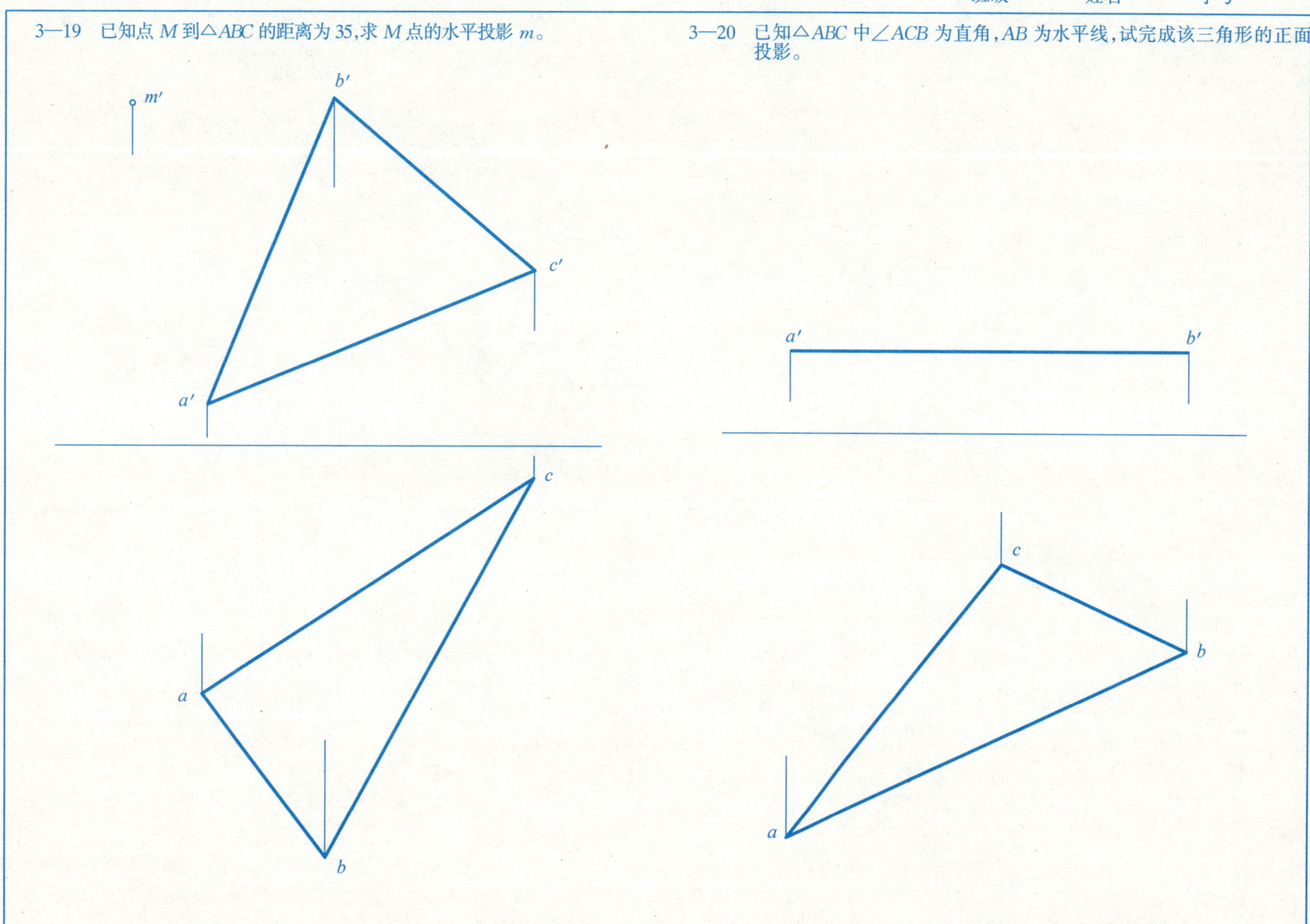

4—1　求点 A 和 B 在新投影体系 $\frac{V_1}{H}$ 中的投影。

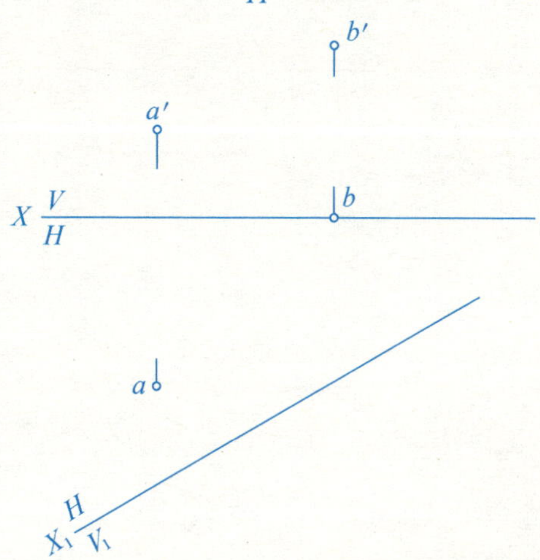

4—2　用换面法求线段 CD 的实长和对 V 面的倾角 β。

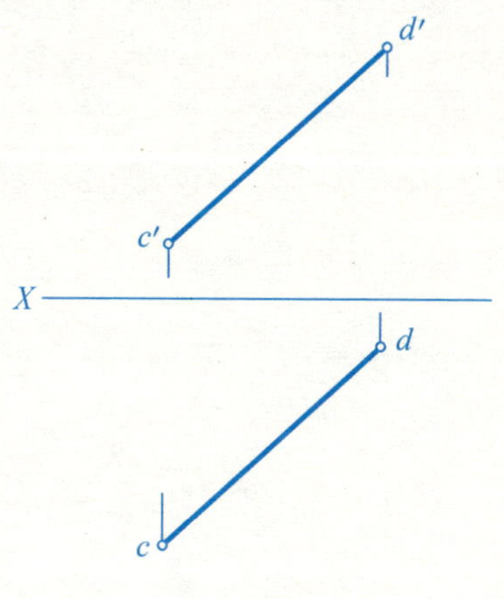

4—3　用换面法求互相平行的二条直线 AB、CD 之间的距离。

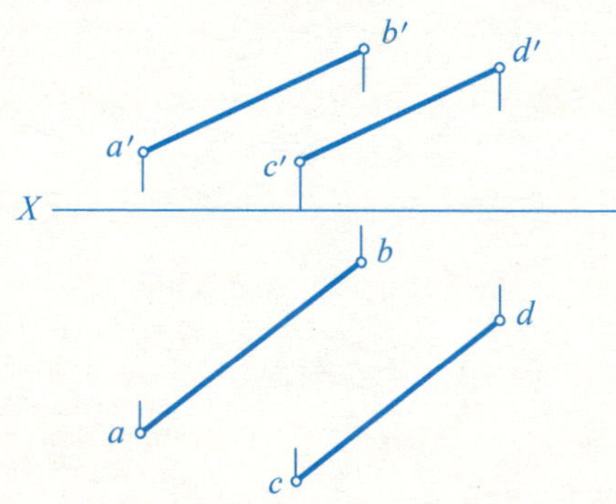

4—4　已知两平行直线 AB、CD 之间的距离为 15，用换面法求 cd。

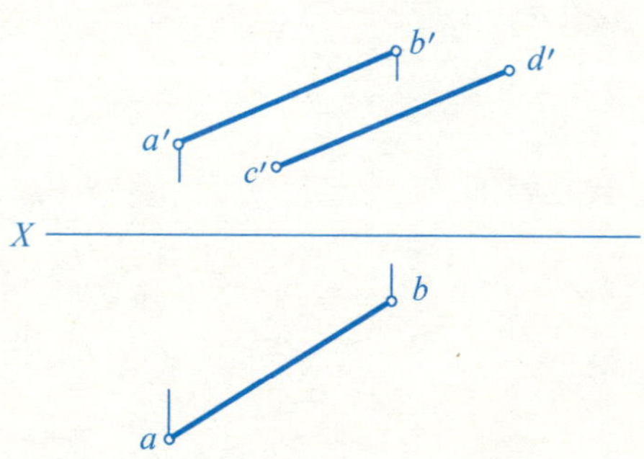

4—5　已知直线 AB 与 CD 垂直相交，用换面法求 $c'd'$。

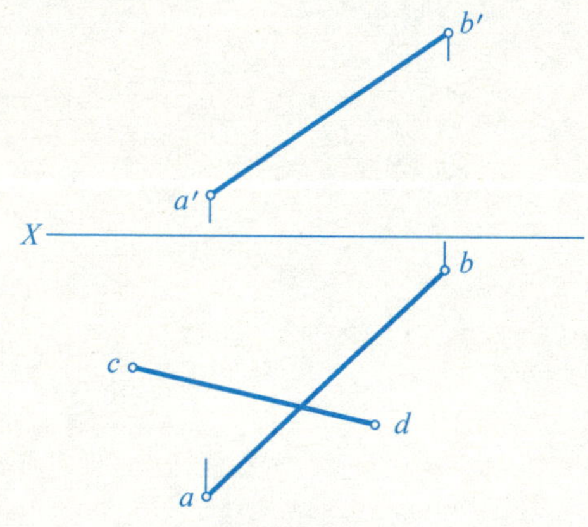

4—6　用换面法求点 A 到直线 BC 的距离，并求垂足。

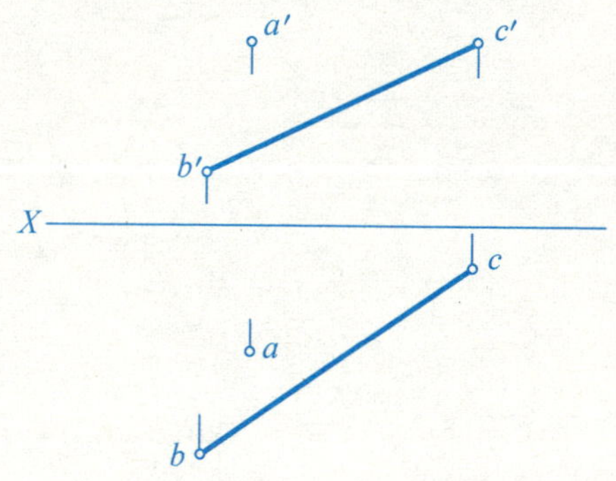

4—7　已知点 A 到直线 BC 的距离为 15，求 a。

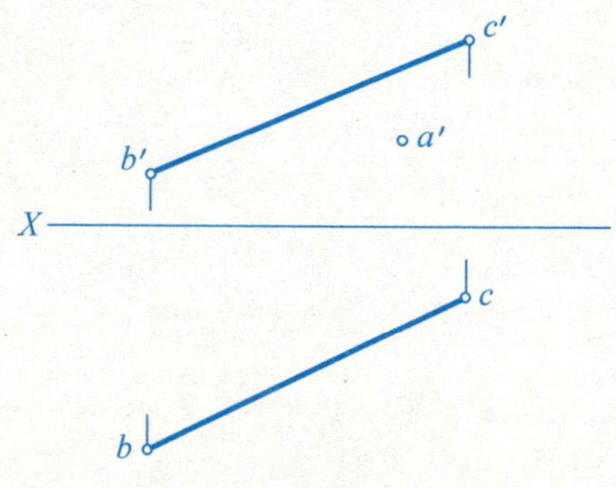

4—8　用换面法求△ABC 对 H 面的倾角 α。

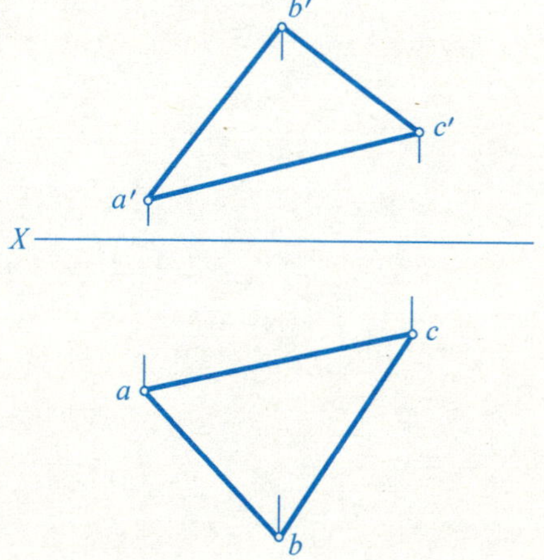

4—9　用换面法求平面四边形 *ABCD* 的实形。

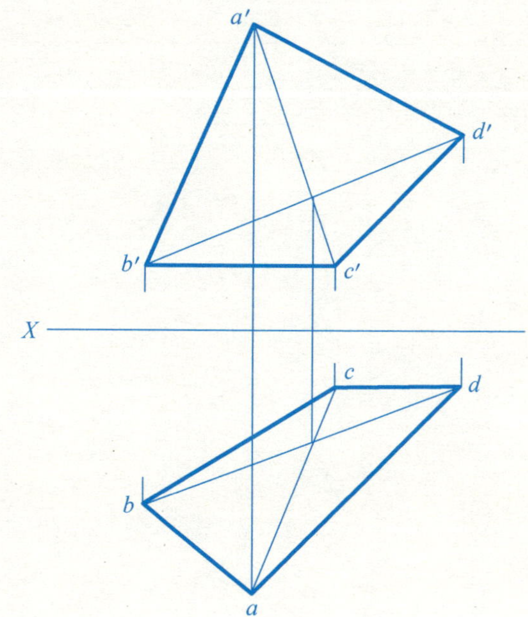

4—10　用换面法作∠*BAC* 的分角线。

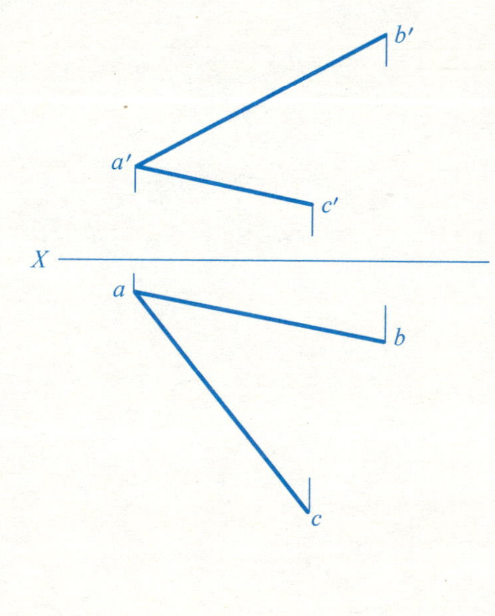

4—11　已知直线 AB 与△CDE 的距离为 10，用换面法求 ab。

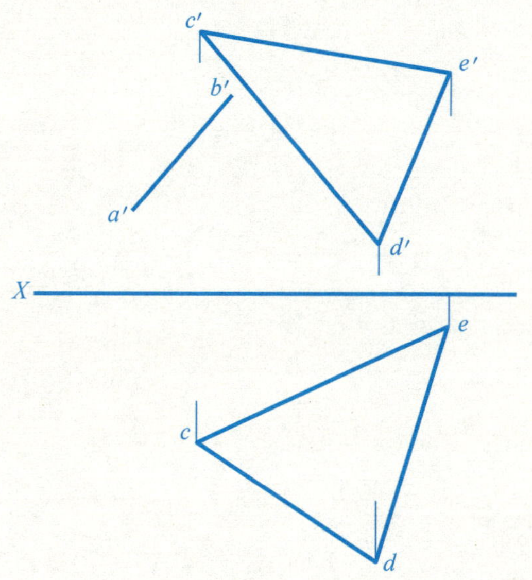

4—12　用换面法作一等边三角形 ABC，使其与 V 面的倾角为 30°。

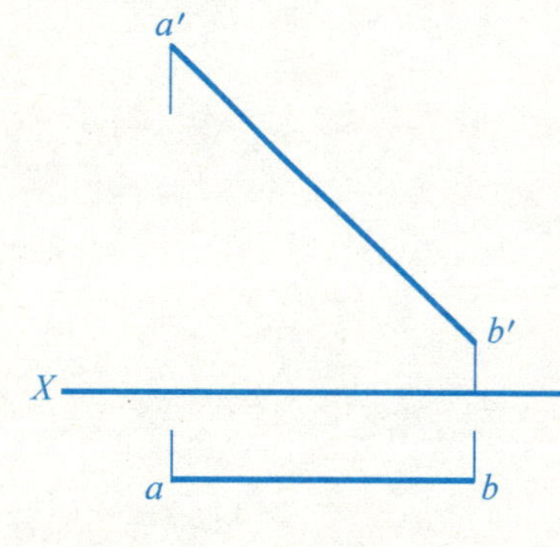

4—13　用换面法求两面夹角 θ 的实际大小。

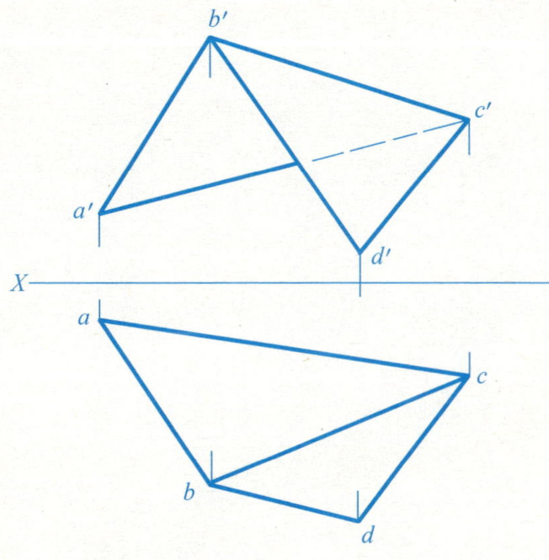

4—14　已知点 A 到平面△BCD 的距离为 15，用换面法求 a。

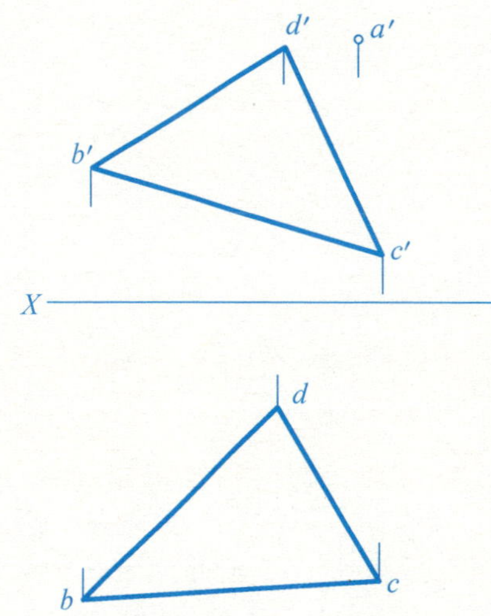

4—15　用换面法在直线 MN 上定一点 K，使 K 到△ABC 的距离为 10。

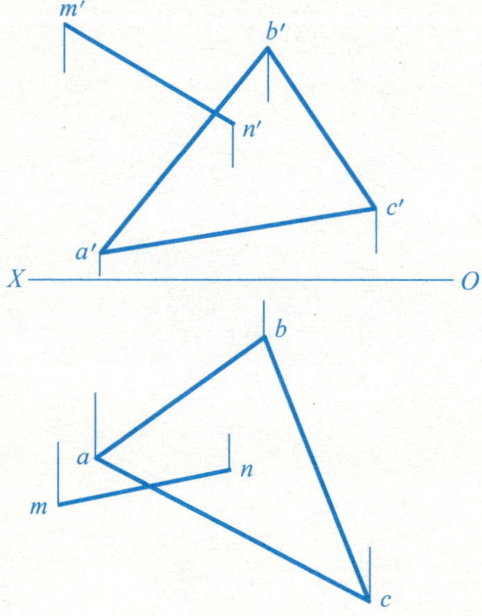

4—16　用换面法求直线 MN 与△ABC 的交点，并判定其可见性。

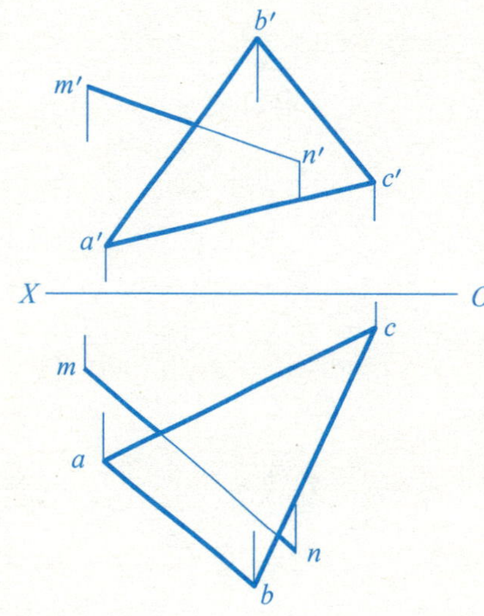

4—17　用旋转法求直线 AB 的实长及其对 V 面的倾角 β。

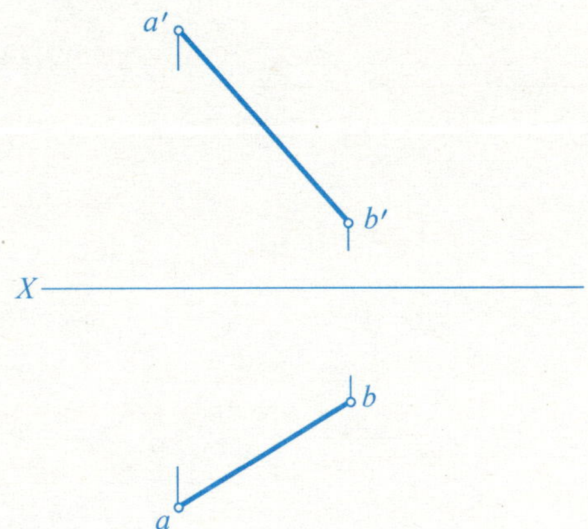

4—18　线段 AB 对 H 面的倾角 $\alpha = 30°$，用旋转法求作 ab。

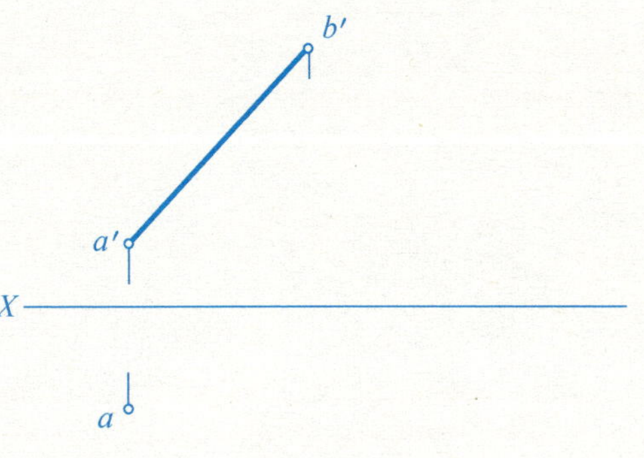

4—19　用旋转法求四边形 $ABCD$ 的实形。

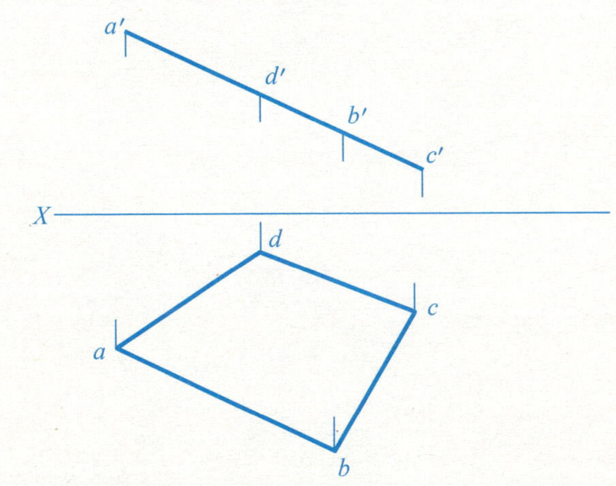

4—20　用旋转法求以 BC 为底的等腰三角形的正面投影。

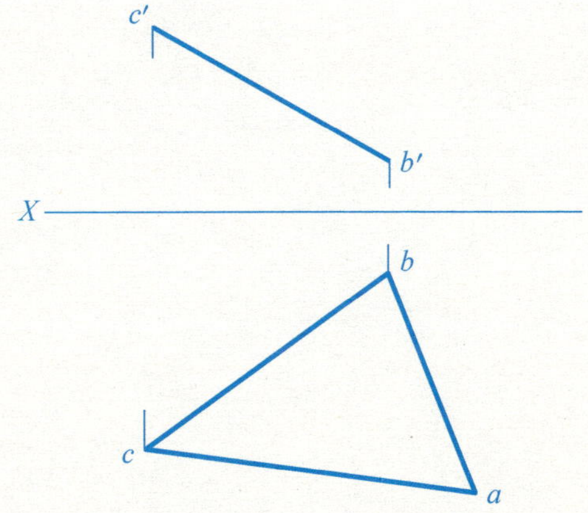

4—21　用旋转法过 K 点作直线与 AB 垂直相交。

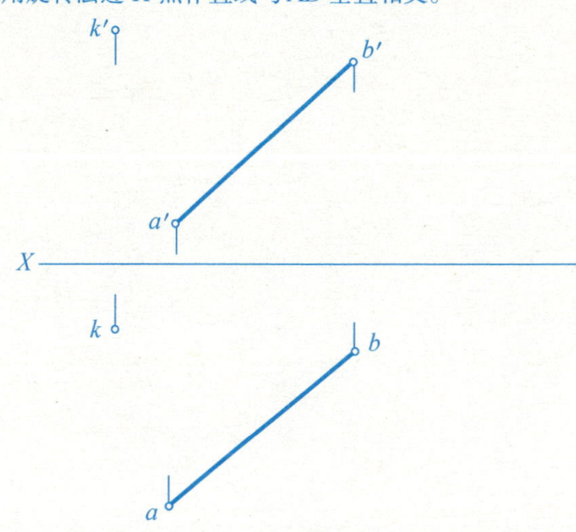

4—22　直线 AB 不动，CD 绕 OC 轴旋转，求 CD 垂直 AB 的位置(用换面法与旋转法结合解题)。

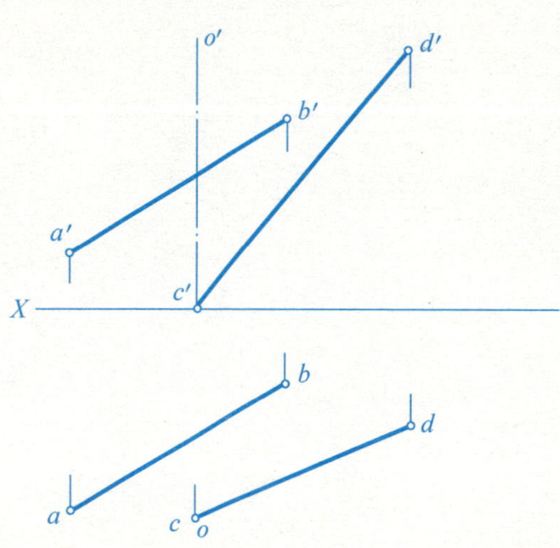

4—23　过点 A 在△ABC 内作一直线 AD，使 AD 与 H 面的倾角为30°。

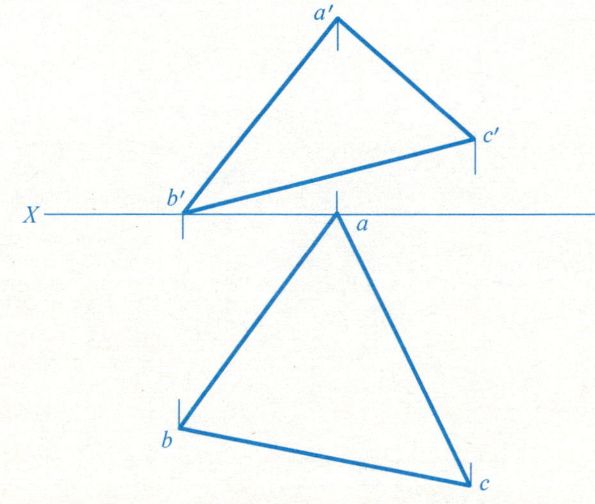

5—1　画出三棱锥的侧面投影，并补全其表面上点、线的投影。

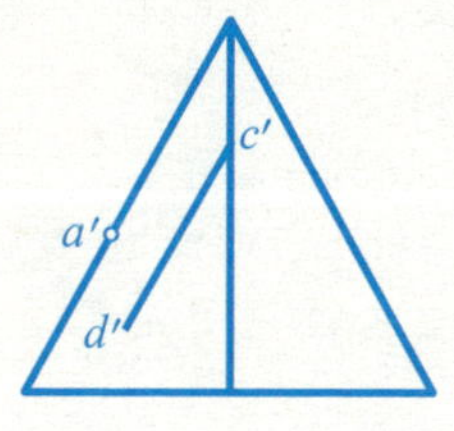

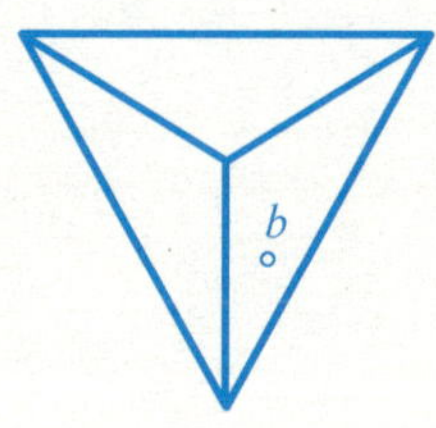

5—2　画出五棱柱的侧面投影，并补全其表面上点、线的投影。

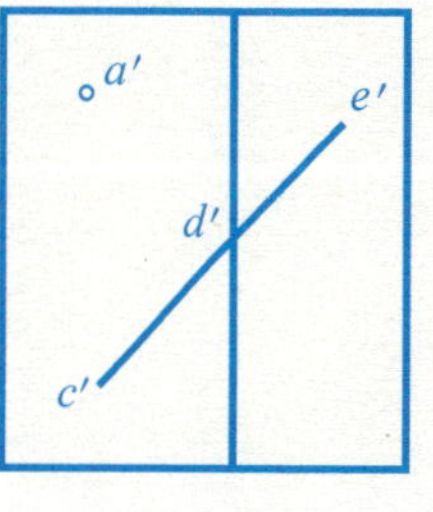

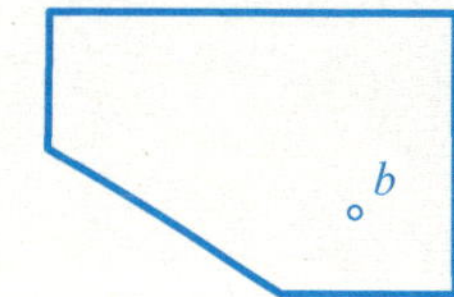

5—3　画出该平面体的侧面投影，并补全其表面上点、线的投影。

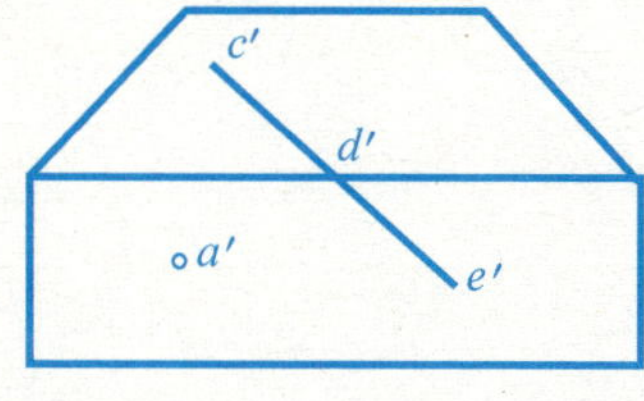

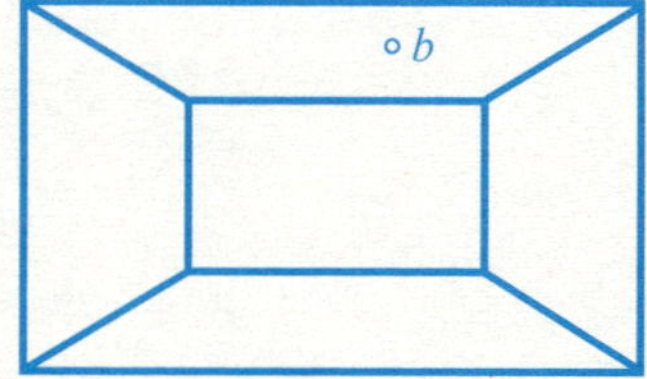

5—4　画出五棱柱的水平投影，并补全其表面上点、线的各投影。

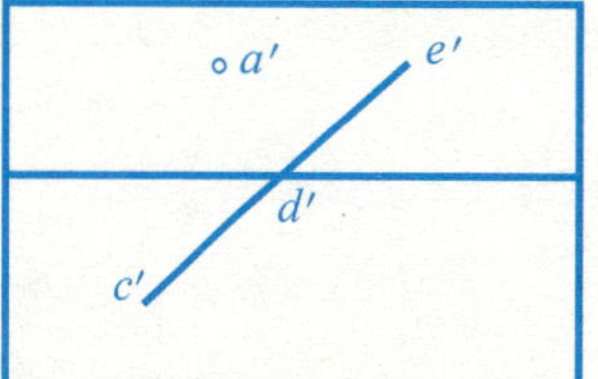

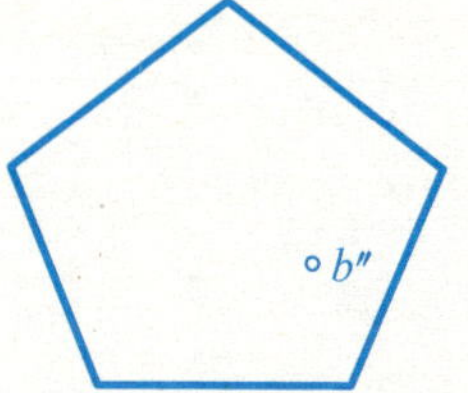

5—5　补全六棱柱截切后的水平投影和侧面投影。

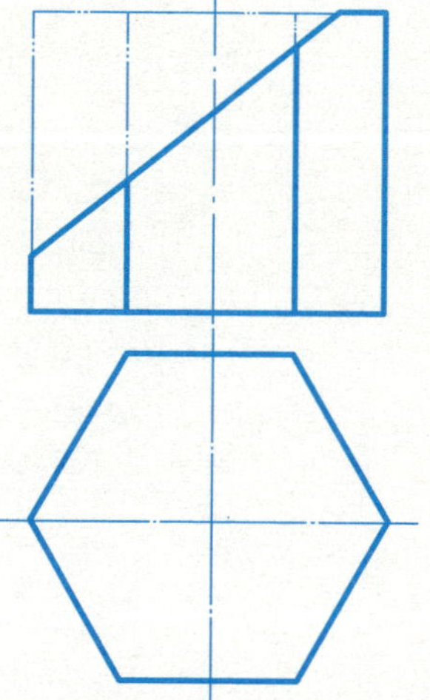

5—6　补全切口四棱柱的水平投影和侧面投影。

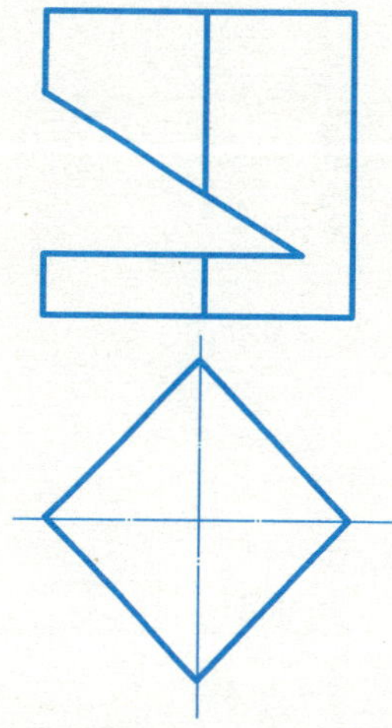

5—7　补全穿孔三棱柱的水平投影和侧面投影。

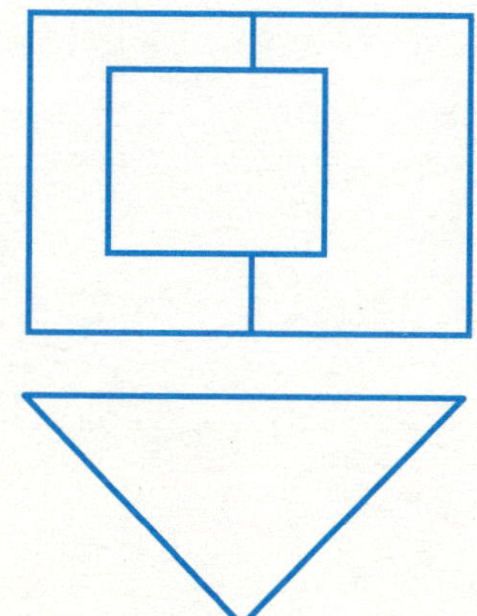

5—8　补全切口三棱柱的水平投影和侧面投影。

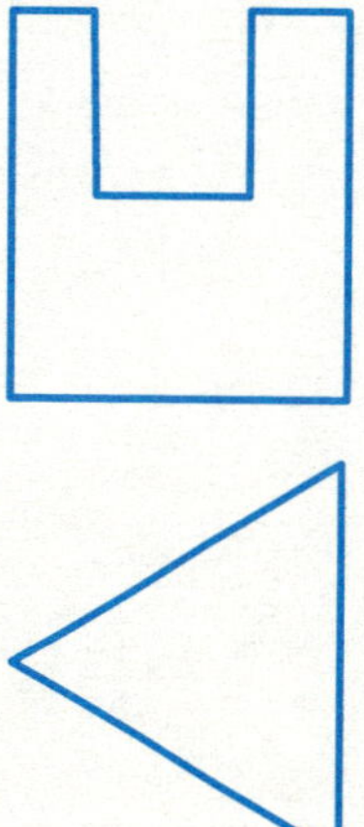

5—9　补全四棱柱截切后的水平投影和正面投影。

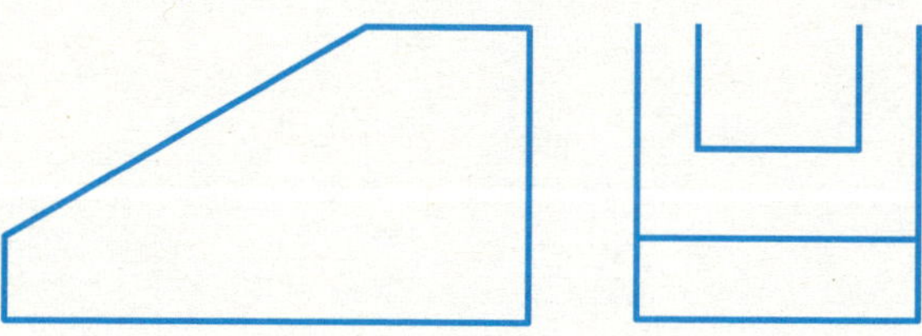

5—10　补全四棱柱经两次截切后的水平投影和正面投影。

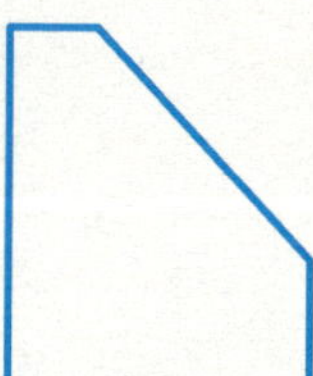

5—11　补全四棱台切口后的水平投影和侧面投影。

5—12　补全四棱台切口后的水平投影和侧面投影。

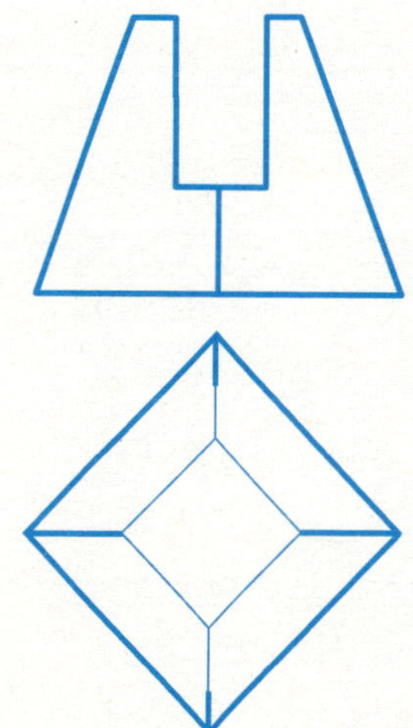

5—13　补全四棱锥截切后的水平投影和侧面投影。

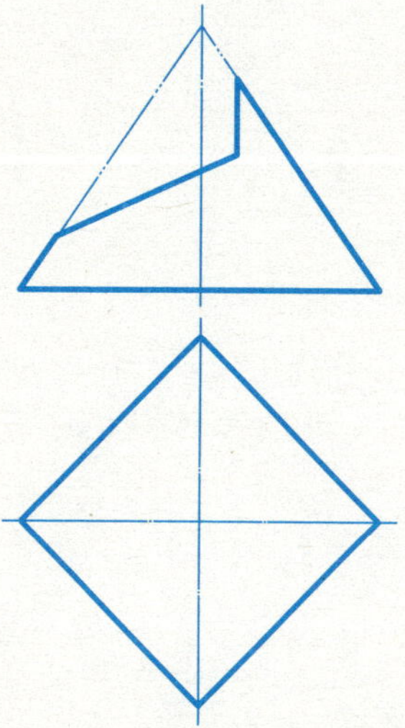

5—14　补全四棱锥截切后的正面投影和侧面投影。

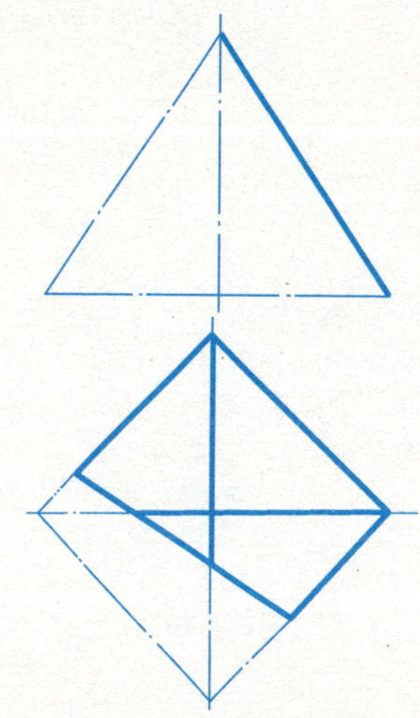

5—15　补全三棱锥截切后的水平投影和侧面投影。

5—16　补全三棱锥穿孔后的水平投影和侧面投影。

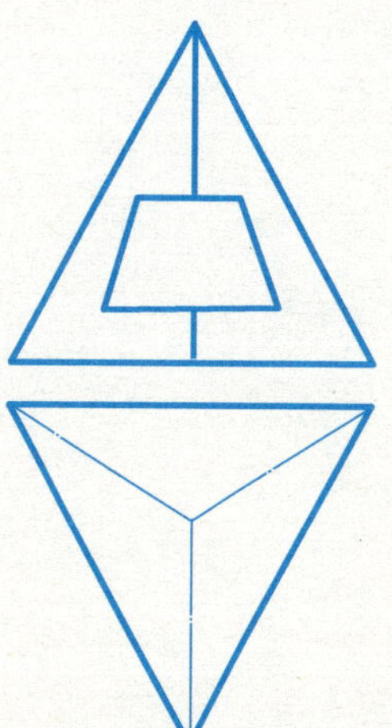

5—17 求作直线 AB 与三棱柱的贯穿点,并求其侧面投影。

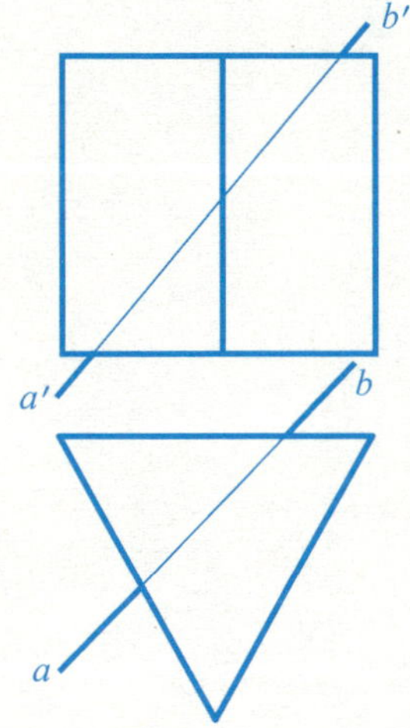

5—18 求直线 AB 与三棱锥的贯穿点,并求其侧面投影。

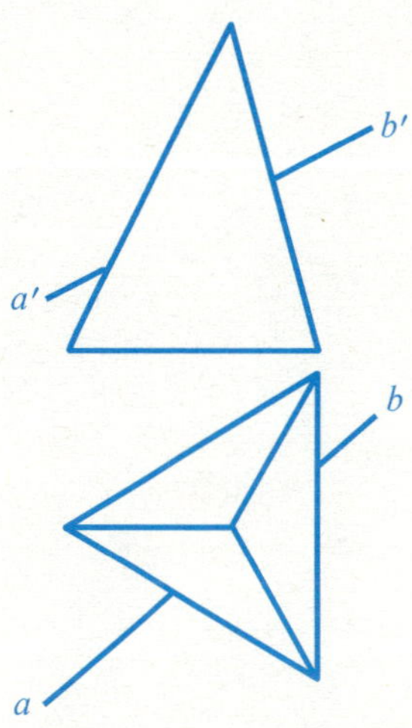

5—19 求直线 AB、CD 与三棱柱的表面交点。

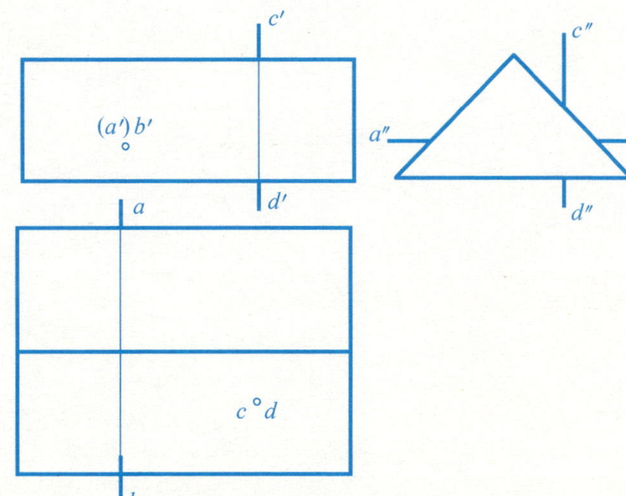

5—20 求直线 AB 与该平面体的表面交点,并求其侧面投影。

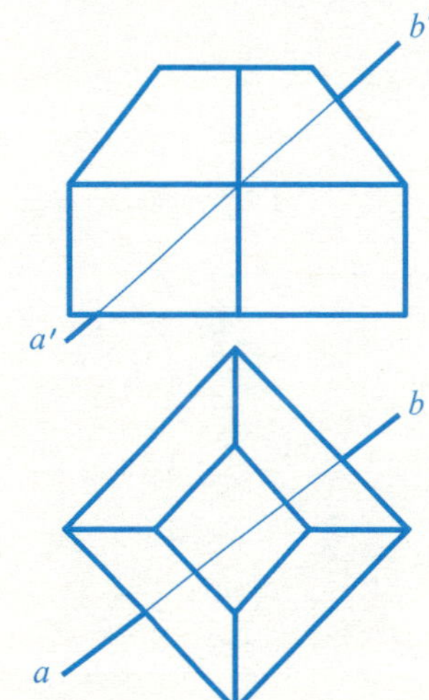

5—21　求三棱柱与三棱锥的相贯线。

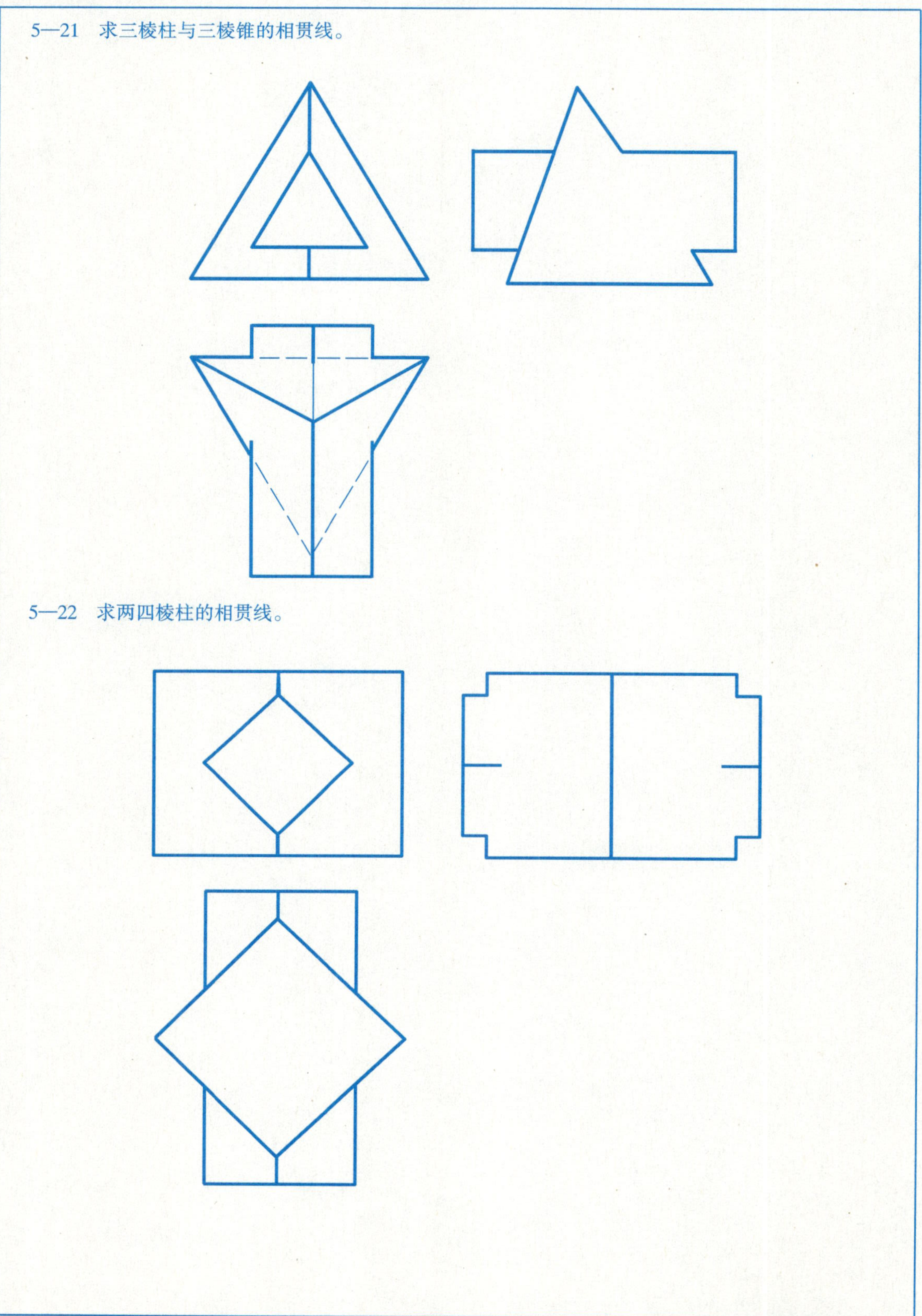

5—22　求两四棱柱的相贯线。

5—23　求天窗、烟囱与屋顶的表面相交线。

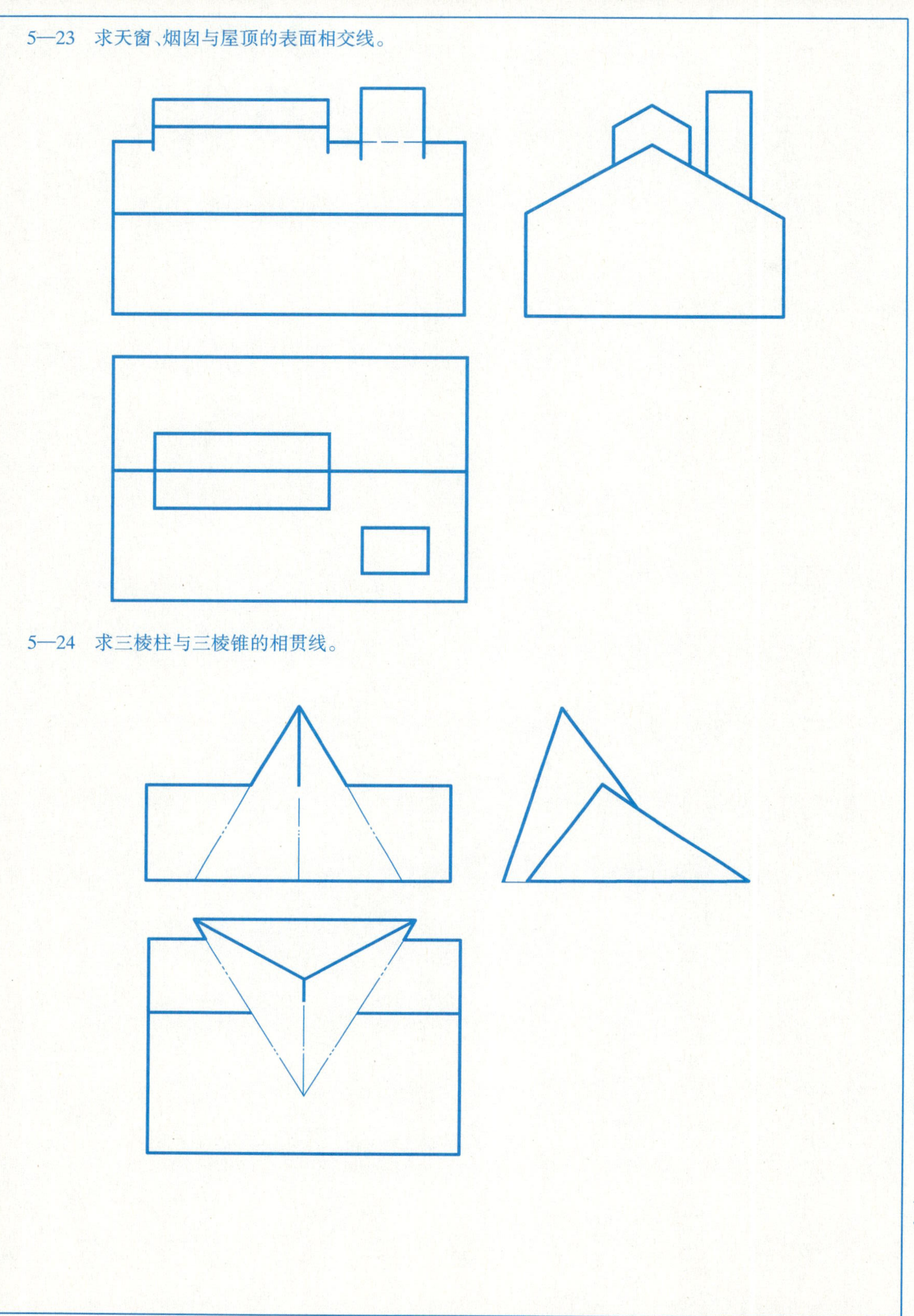

5—24　求三棱柱与三棱锥的相贯线。

班级　　　　姓名　　　　学号

5—25　求三棱柱与四棱锥的相贯线。

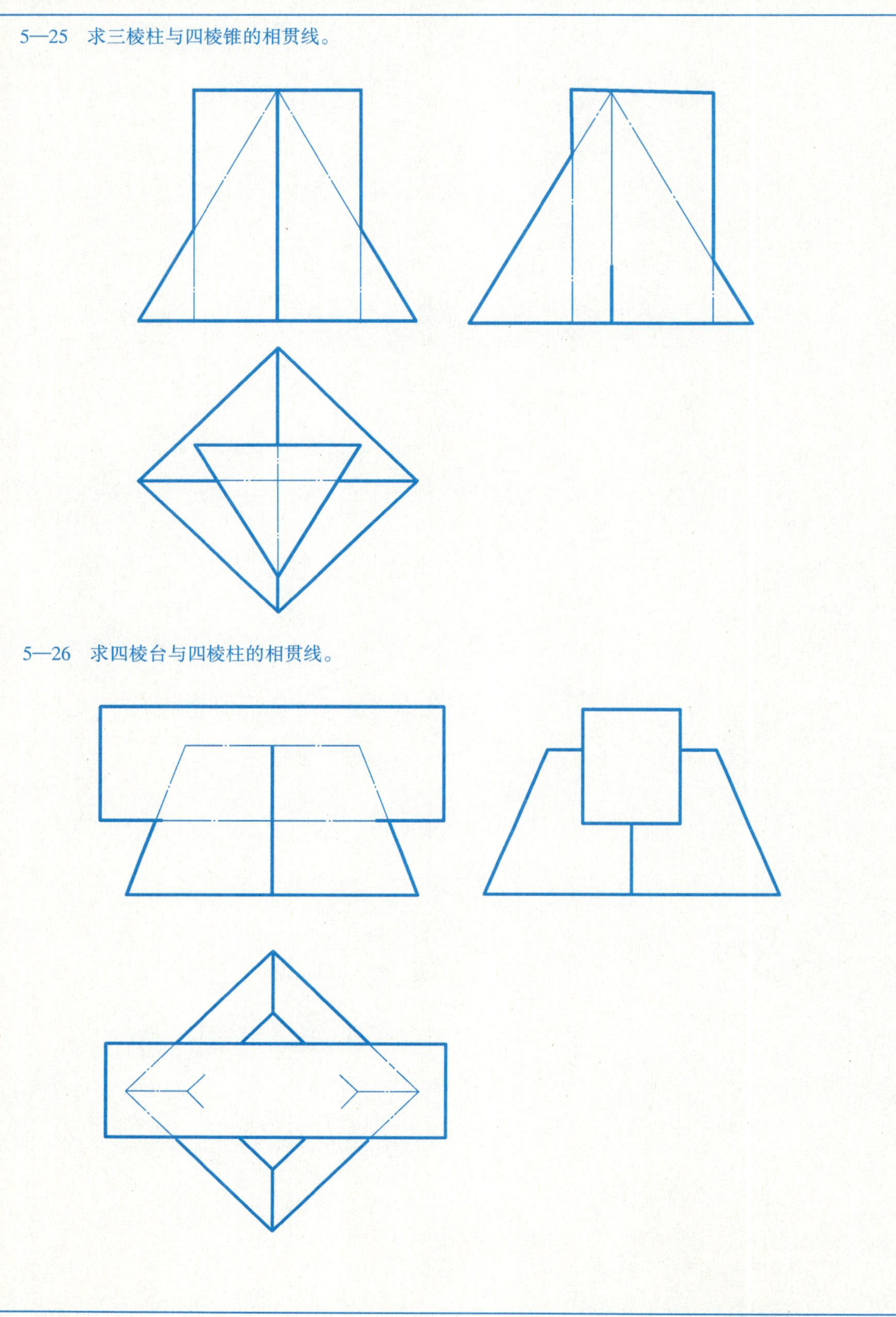

5—26　求四棱台与四棱柱的相贯线。

班级　　　　姓名　　　　学号

5—27　已知四坡顶屋面的平面范围，屋面倾角 $\alpha = 30°$，求作屋面的三投影。

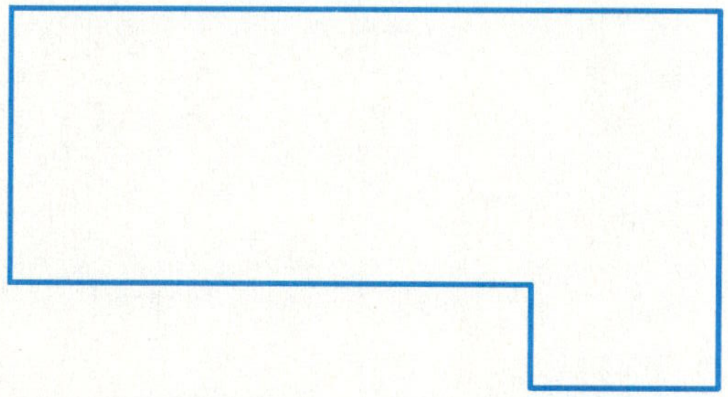

5—28　已知四坡顶屋面的平面范围，屋面倾角 $\alpha = 30°$，求作屋面的三投影。

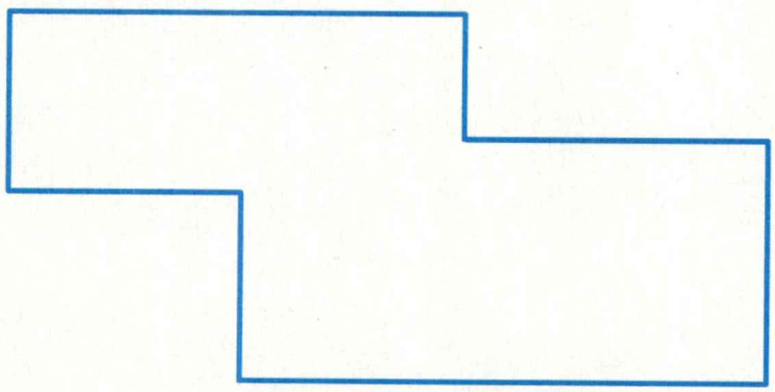

6—1 已知铅垂面 P 内一圆的直径为 40 及圆心的两面投影，求作圆的三面投影。

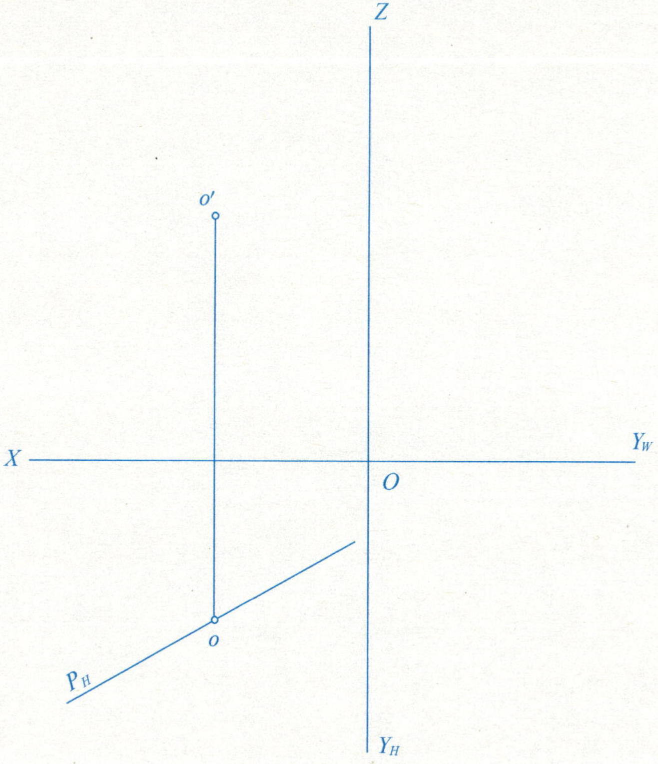

Z
o′
X
Y_W
O
o
P_H
Y_H

6—2 求作导程为 36 的右旋圆柱的螺旋线。

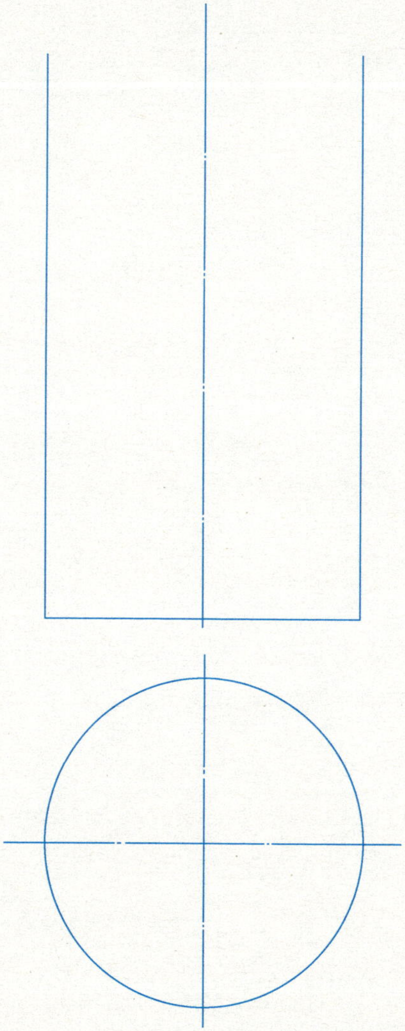

6—3　已知圆柱面上点 A、B、C 的一个投影，求作其余两投影。

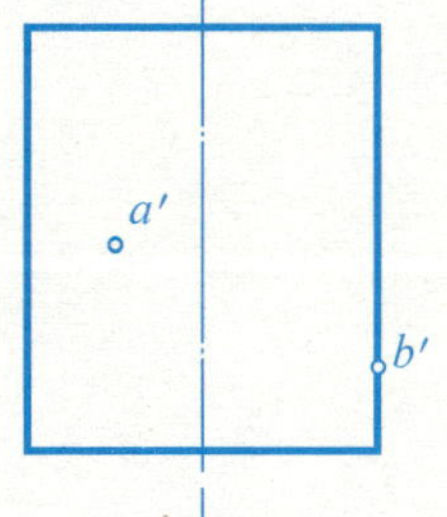

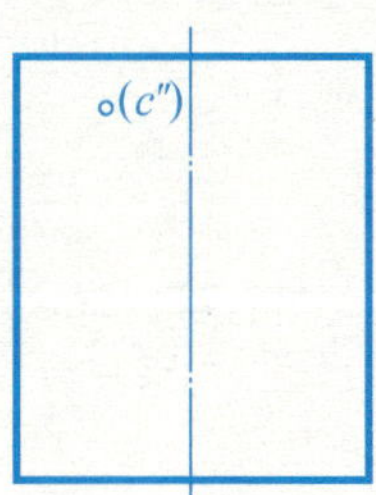

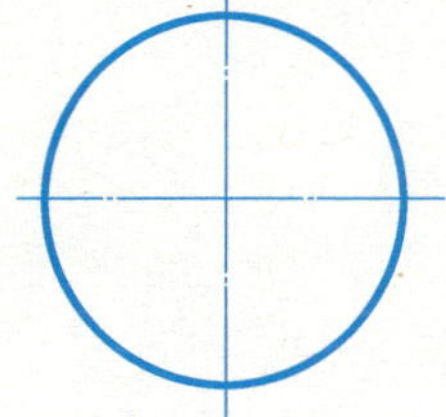

6—4　已知圆柱面上线段 AB、CD 的一个投影，求作其余两投影。

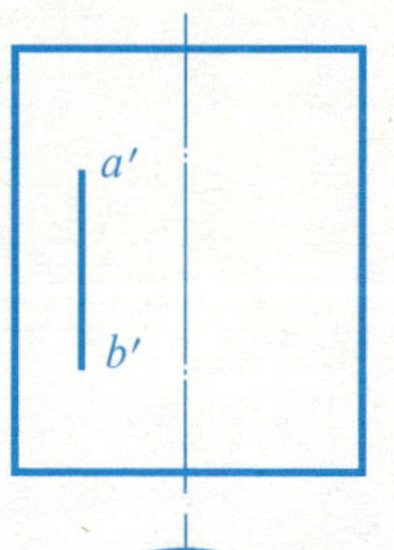

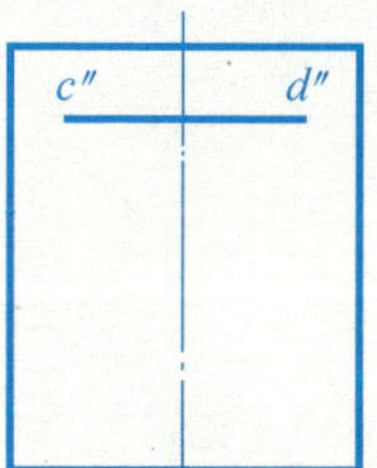

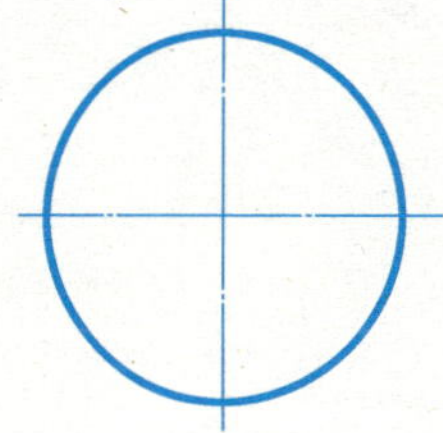

6—5　已知圆锥面上点 A、B、C 的一个投影，求作其余两投影。

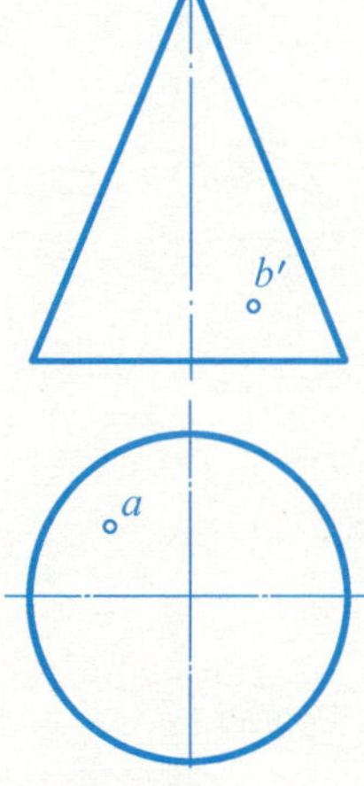

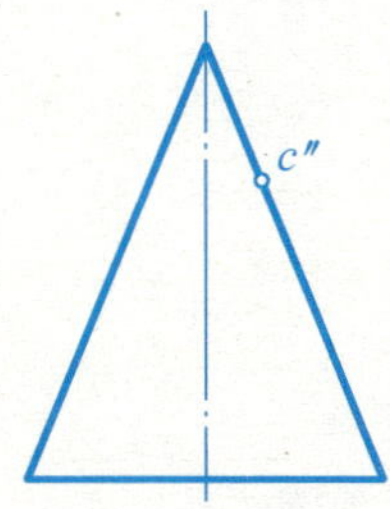

6—6　已知圆锥面上线段 AB、CD 的一个投影，求作其余两投影。

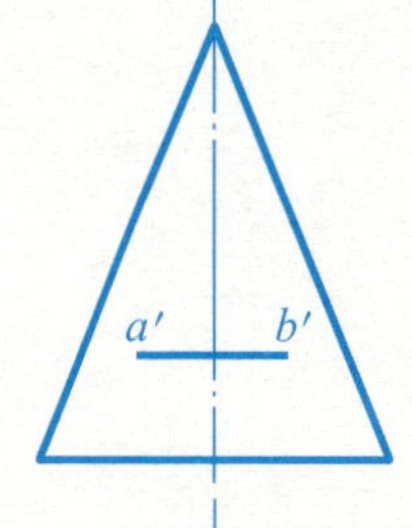

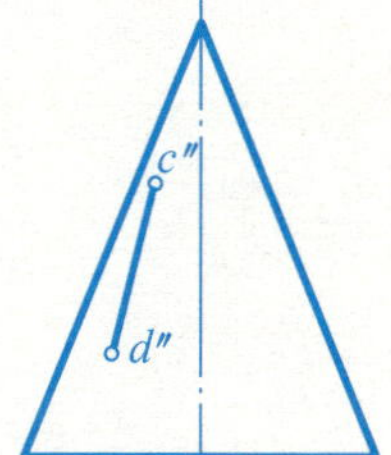

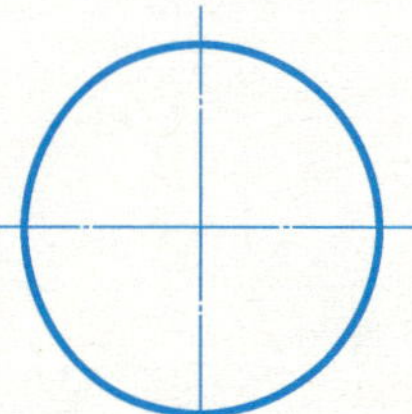

6—7　已知球面上点 A、B、C 的一个投影，求作其余两投影。

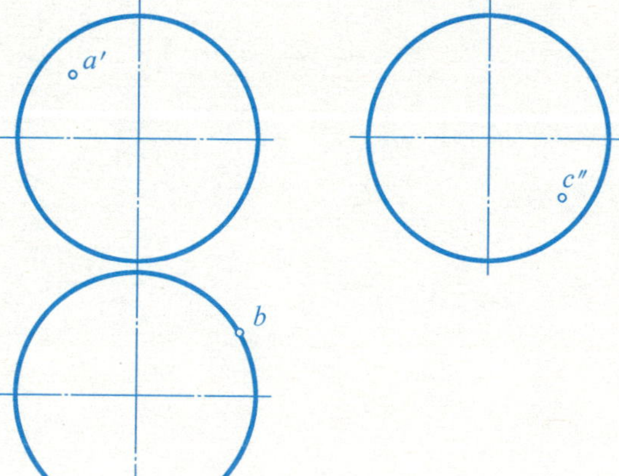

6—8　已知圆环面上点 A、B 的一个投影，求作另一投影。

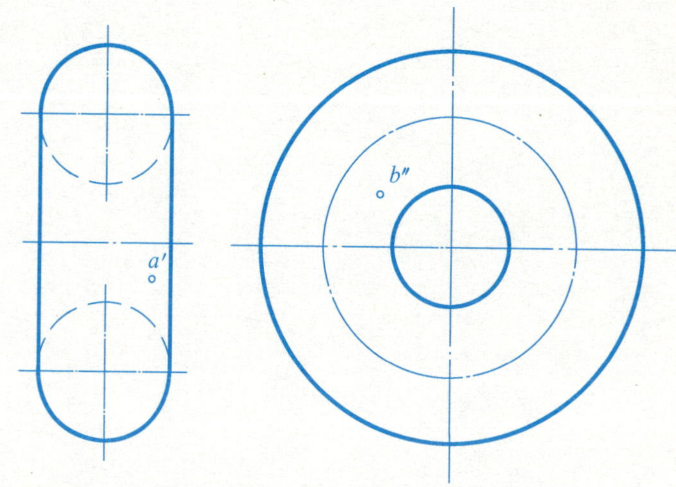

6—9　已知球面上线段 AB、CD 的一个投影，求作其余两投影。

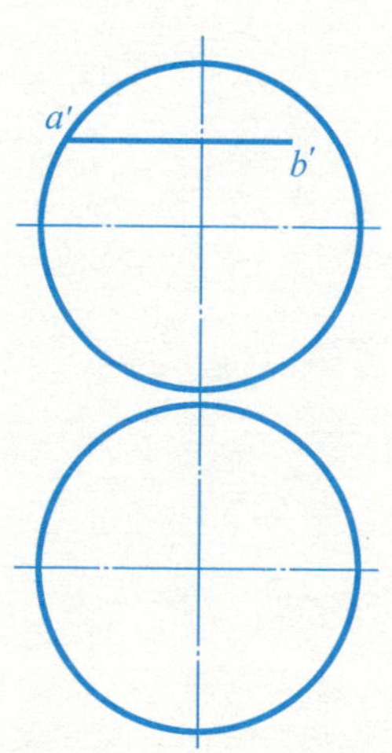

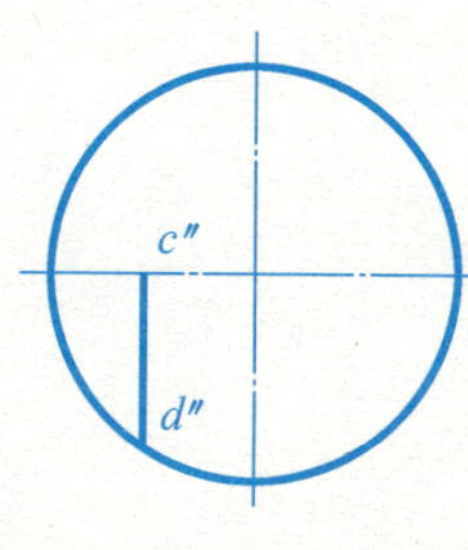

6—10　已知圆环面上线段 AB 的一个投影，求作其余两投影。

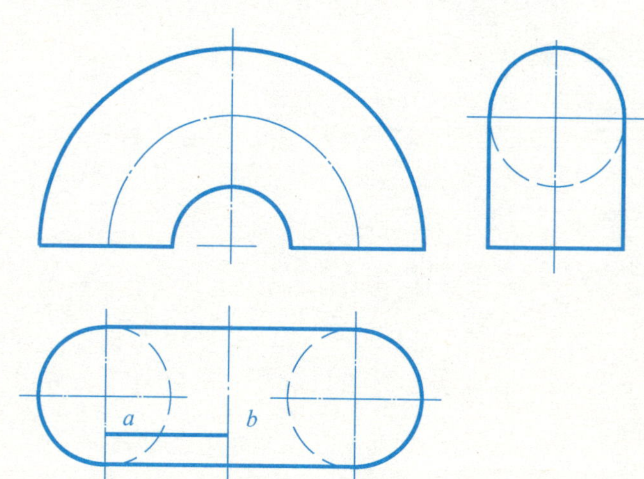

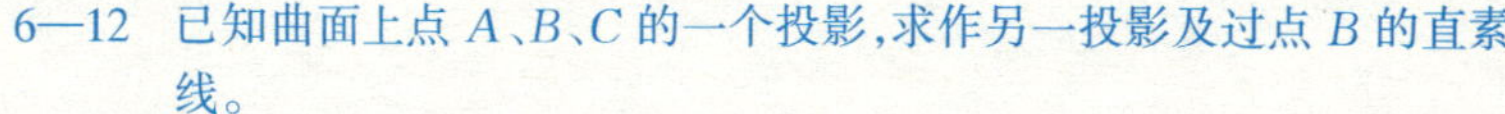

6—11　已知母线，回转轴 OO_1，求作单叶回转双曲面的投影。

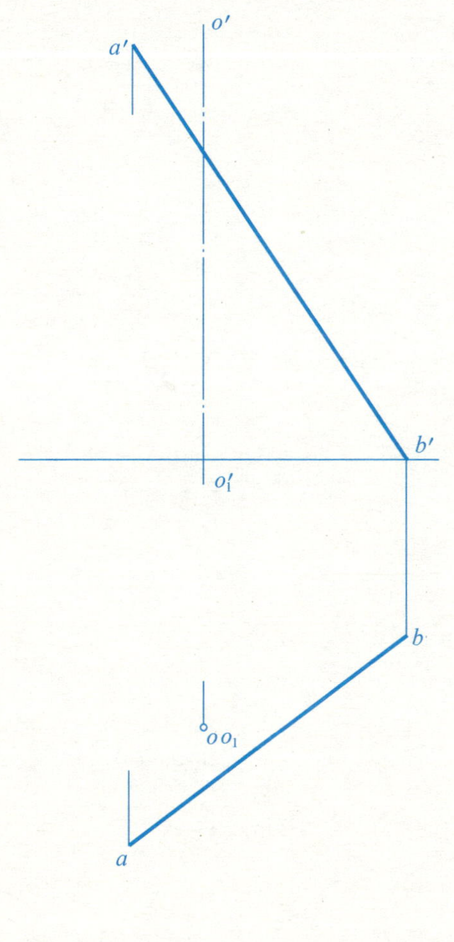

6—12　已知曲面上点 A、B、C 的一个投影，求作另一投影及过点 B 的直素线。

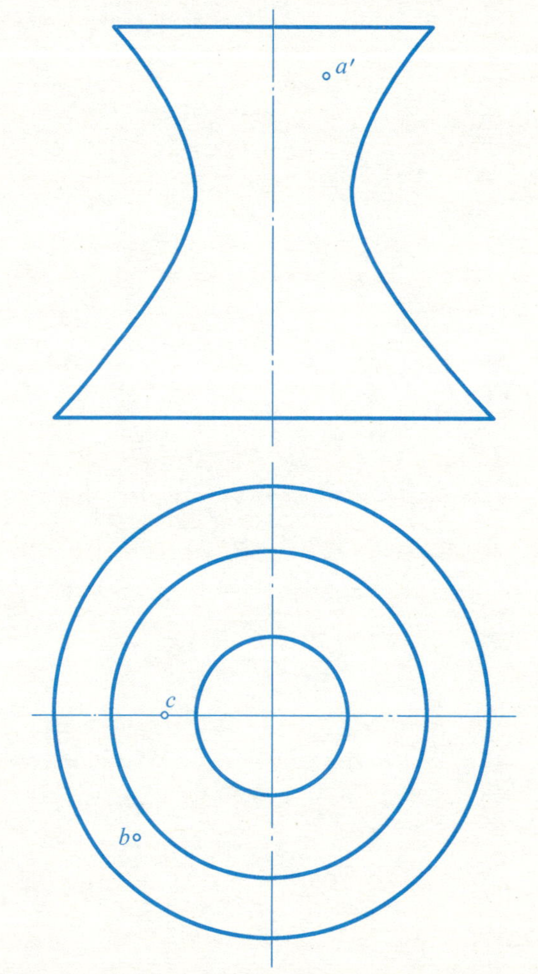

6—13　已知斜椭圆柱的导线 AB，母线长 30 及其上底圆的投影，求作斜椭圆柱的两面投影。

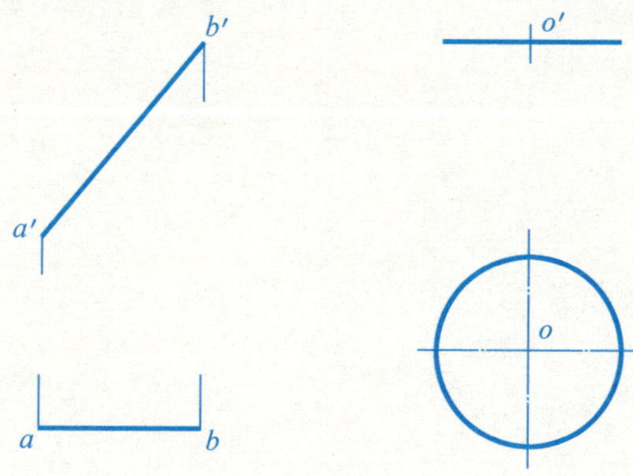

6—14　画出以曲线 AB、CD 为导线，V 面为导平面的柱状面的投影。

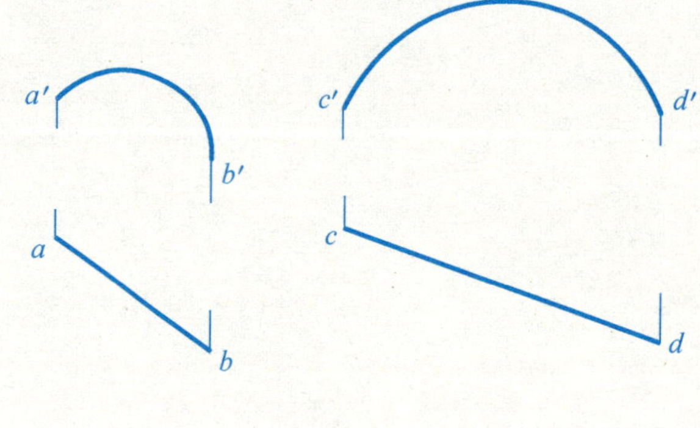

6—15　已知斜圆锥的正面投影，求作水平投影。

6—16　画出以直线 AB、曲线 CD 为导线，V 面为导面的锥状面的投影。

6—17　已知右向螺旋楼梯踏步高为 $S/12$，梯板竖向厚度为踏步高的一半，求作其两面投影。

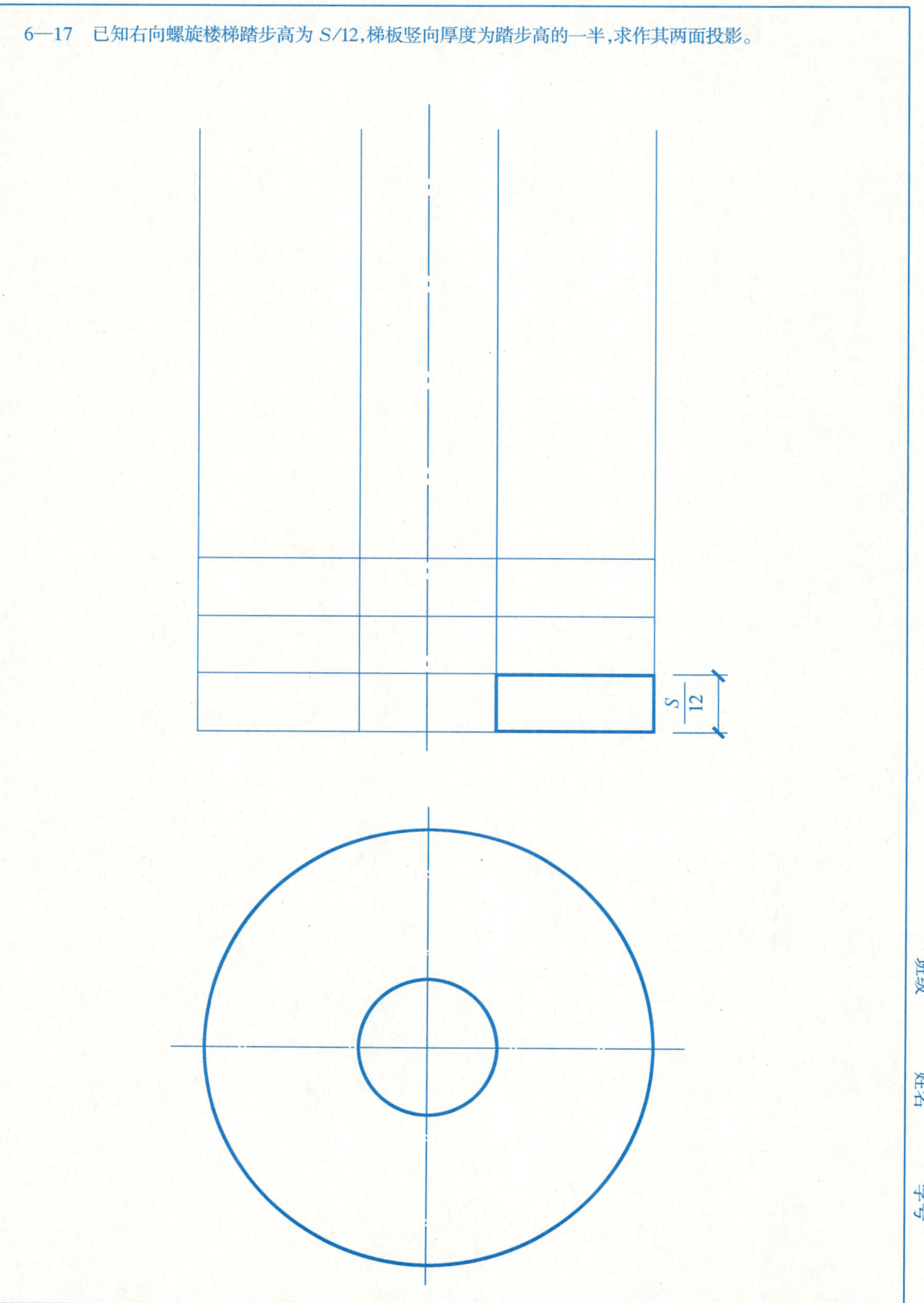

班级　　　　姓名　　　　学号

6—18　已知直导线 AB、CD 的投影，V 面为导平面，求作双曲抛物面的投影。

6—19　求双曲抛物面（AB、CD 和铅垂面 P，分别为双曲抛物面的导线和导面）和正椭圆柱面的交线。

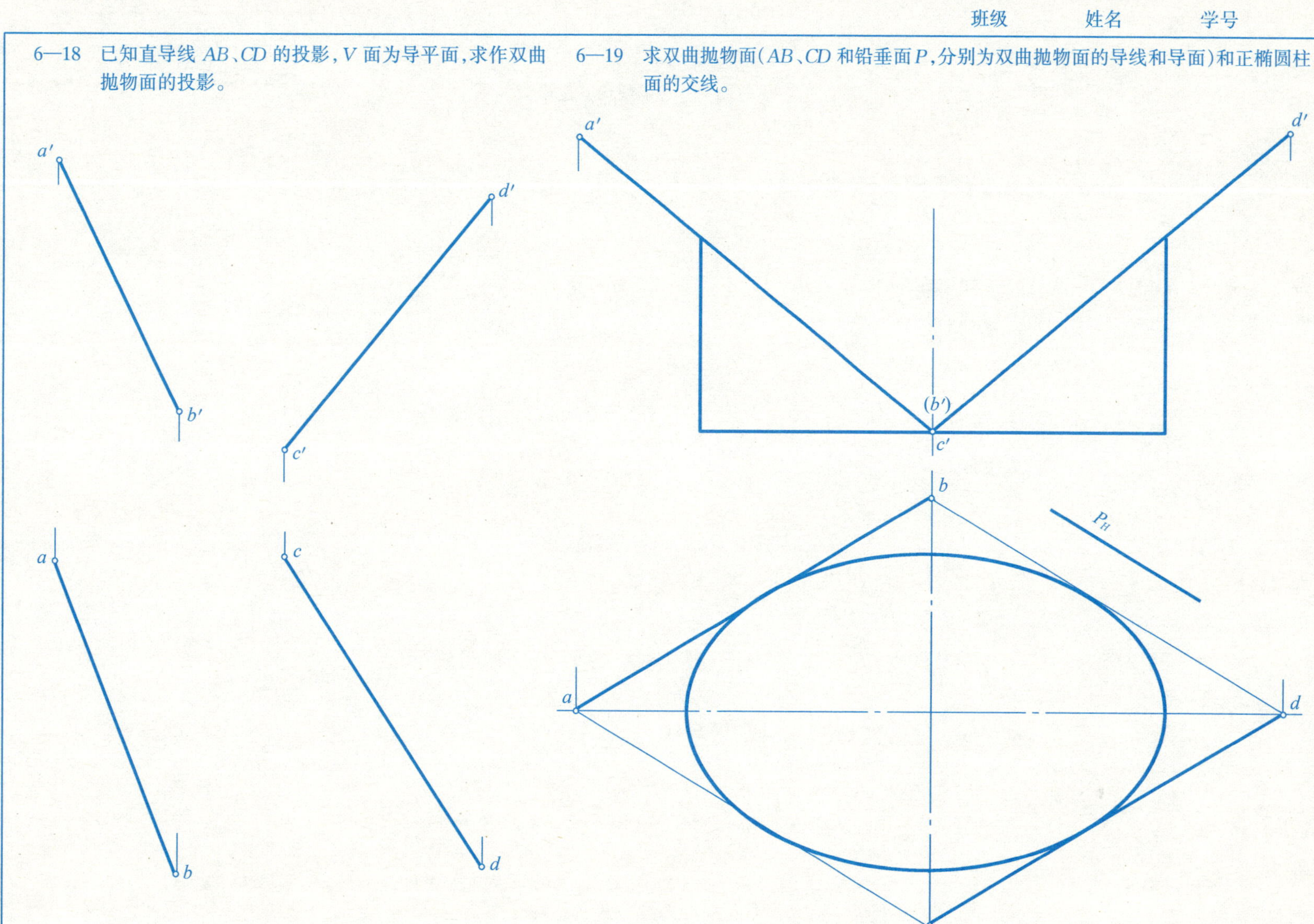

7—1　求截切圆柱的 H 面投影和 W 面投影。

(1)

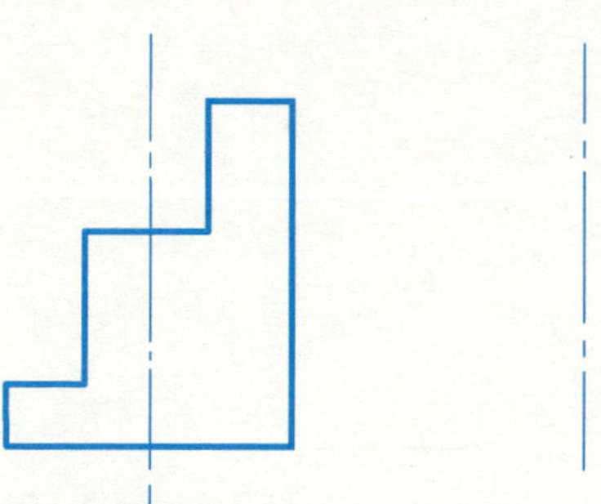

(2)

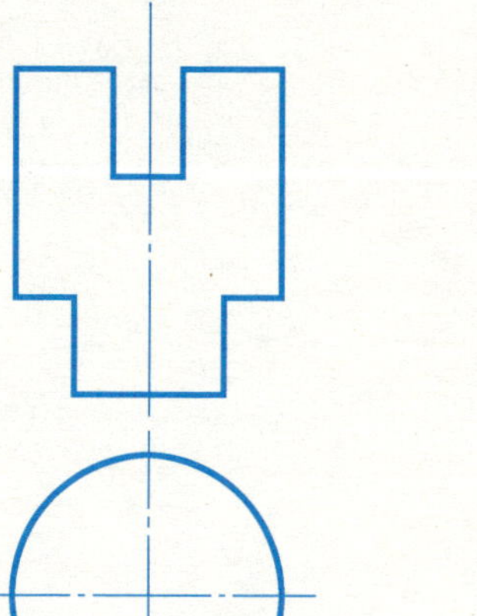

(3)

(4)

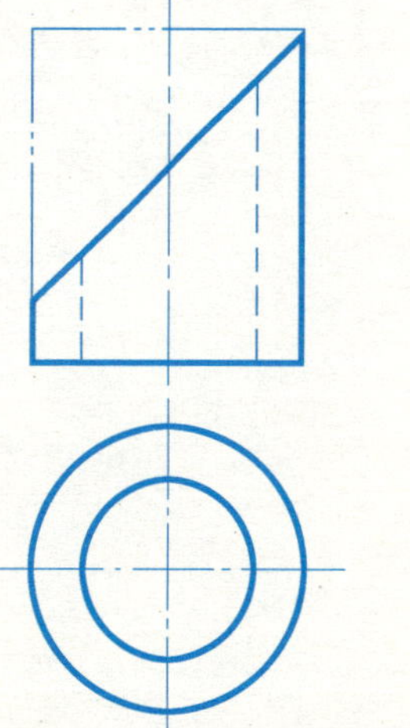

班级　　　　姓名　　　　学号

7—2 画出下列物体的 W 面投影。

(1)

(2)

7—3　求圆锥截交线的 H 面投影和 W 面投影。

(1)

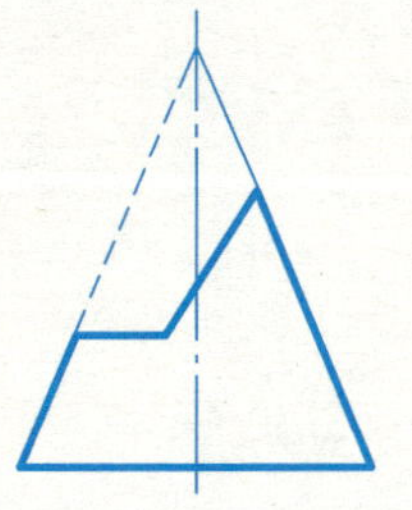

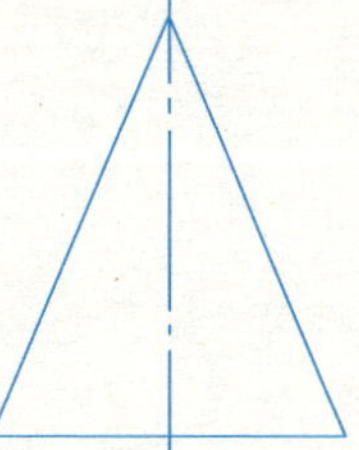

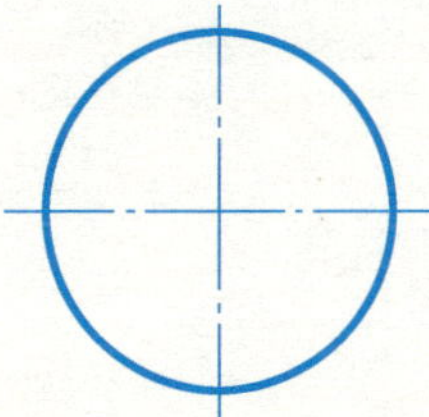

(2)

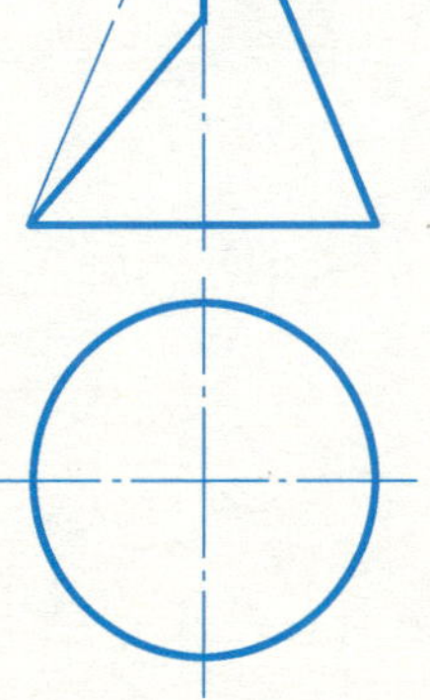

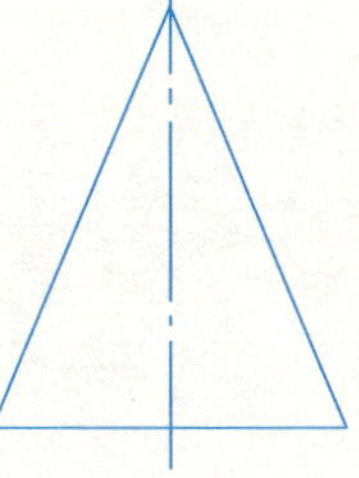

7—4　求圆台截切后的 V 面、W 面投影。

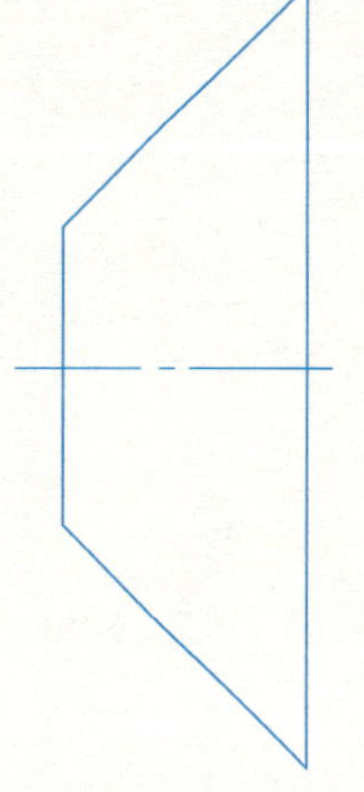

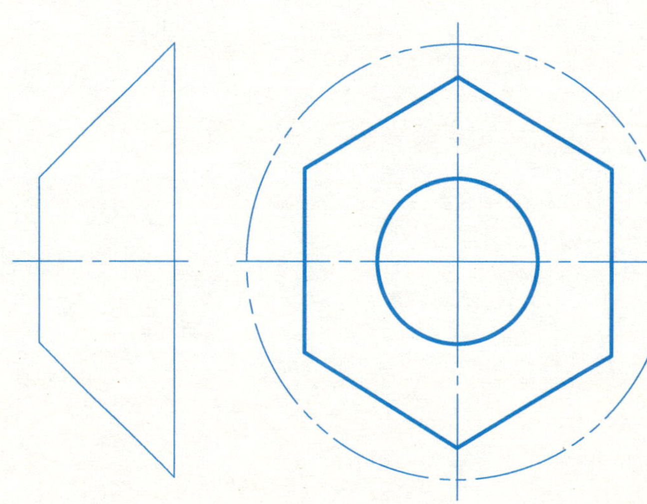

7—5　求圆球截切后的其余两投影。

(1)

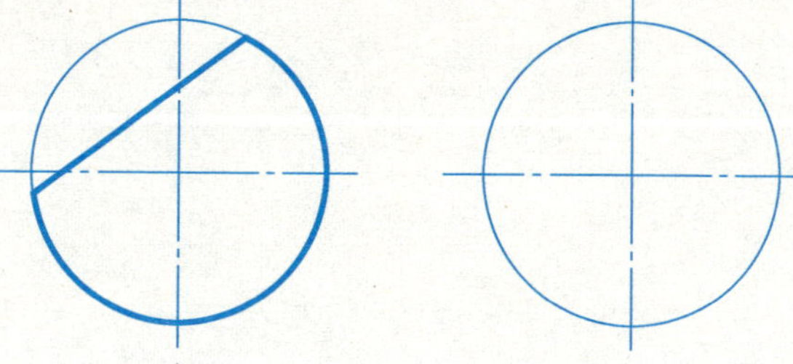

(2)

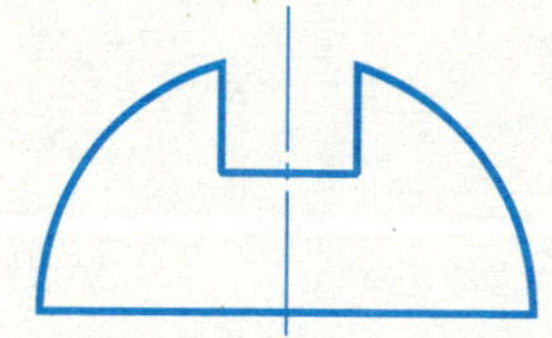

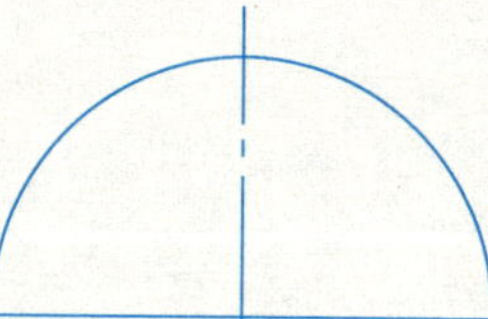

(3)

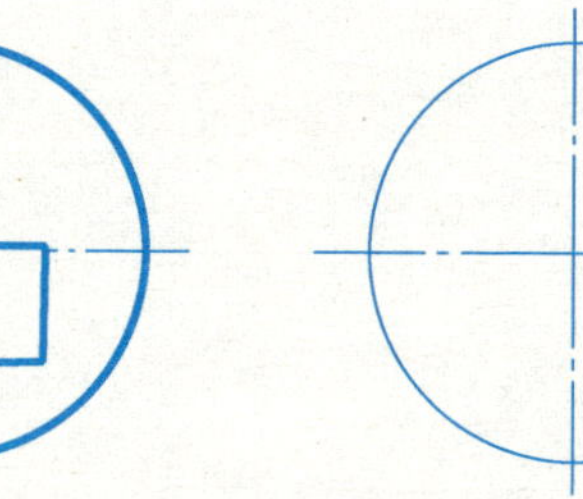

(4)

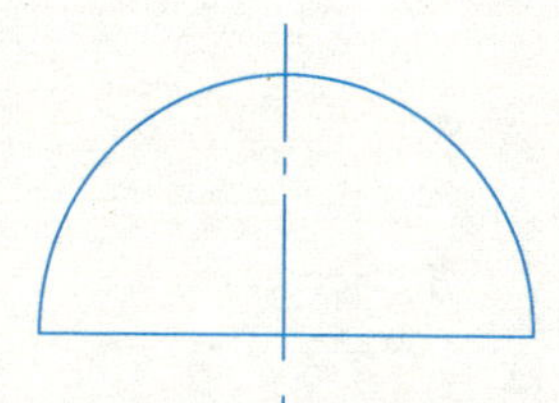

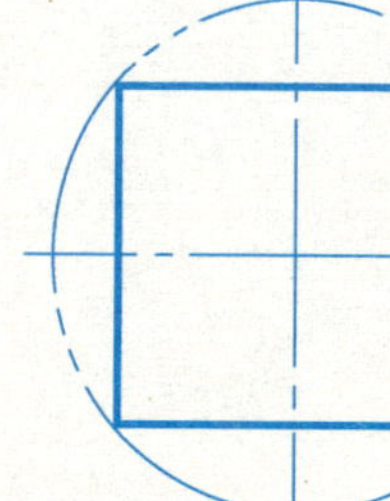

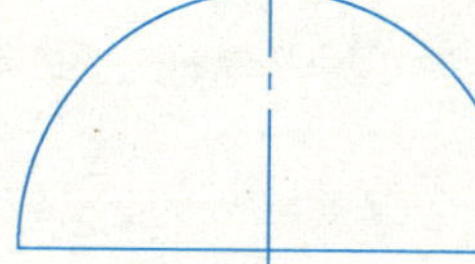

7—6　求作直线与曲面体的贯穿点。

(1)

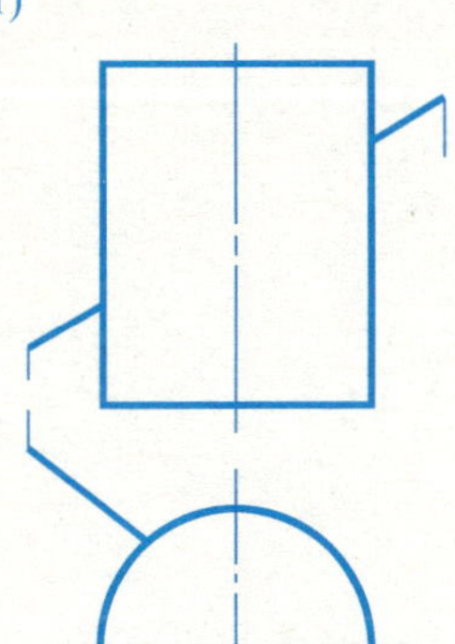

(2)

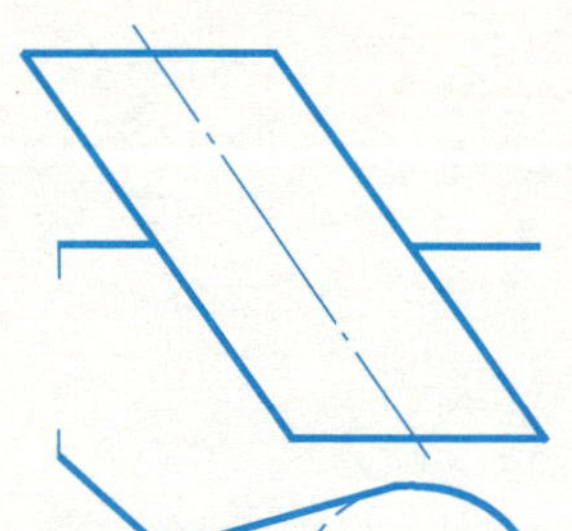

(3)

(4)

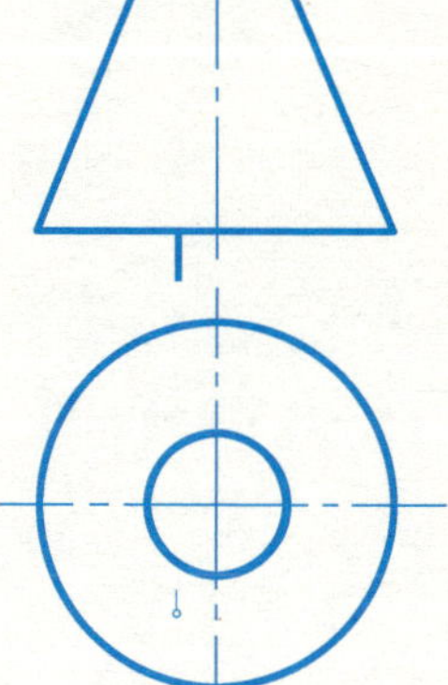

(5)

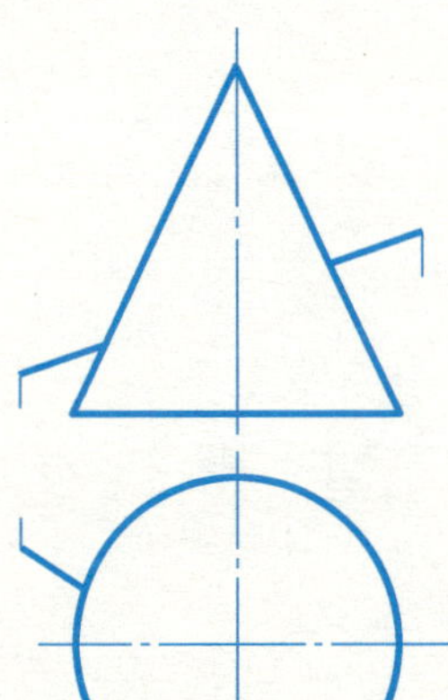

(6)

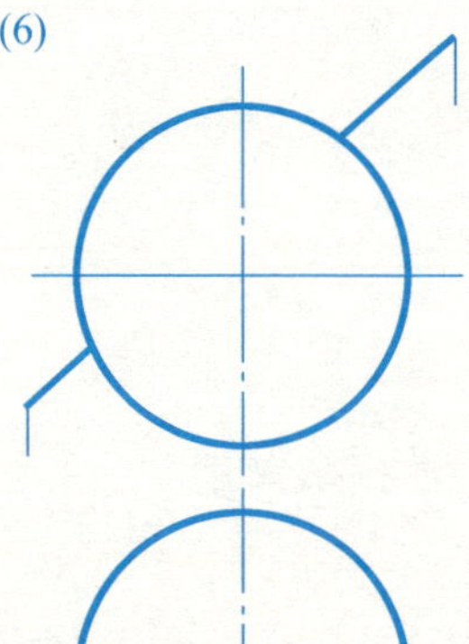

(7)

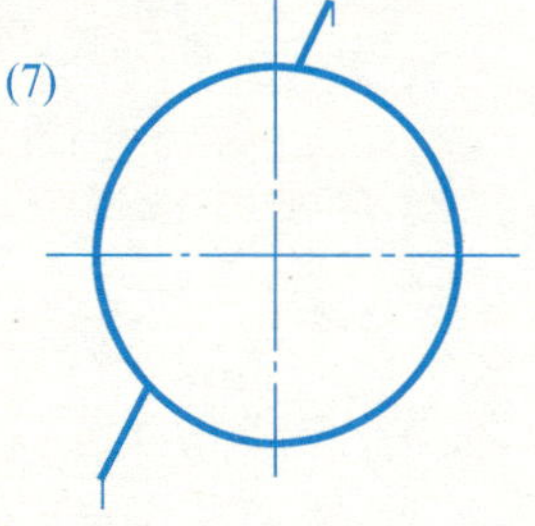

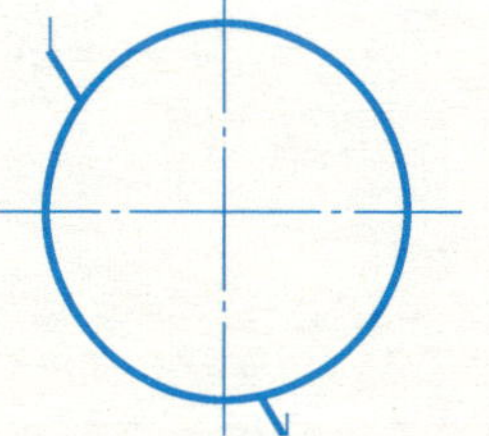

7—7　求两形体的相贯线。

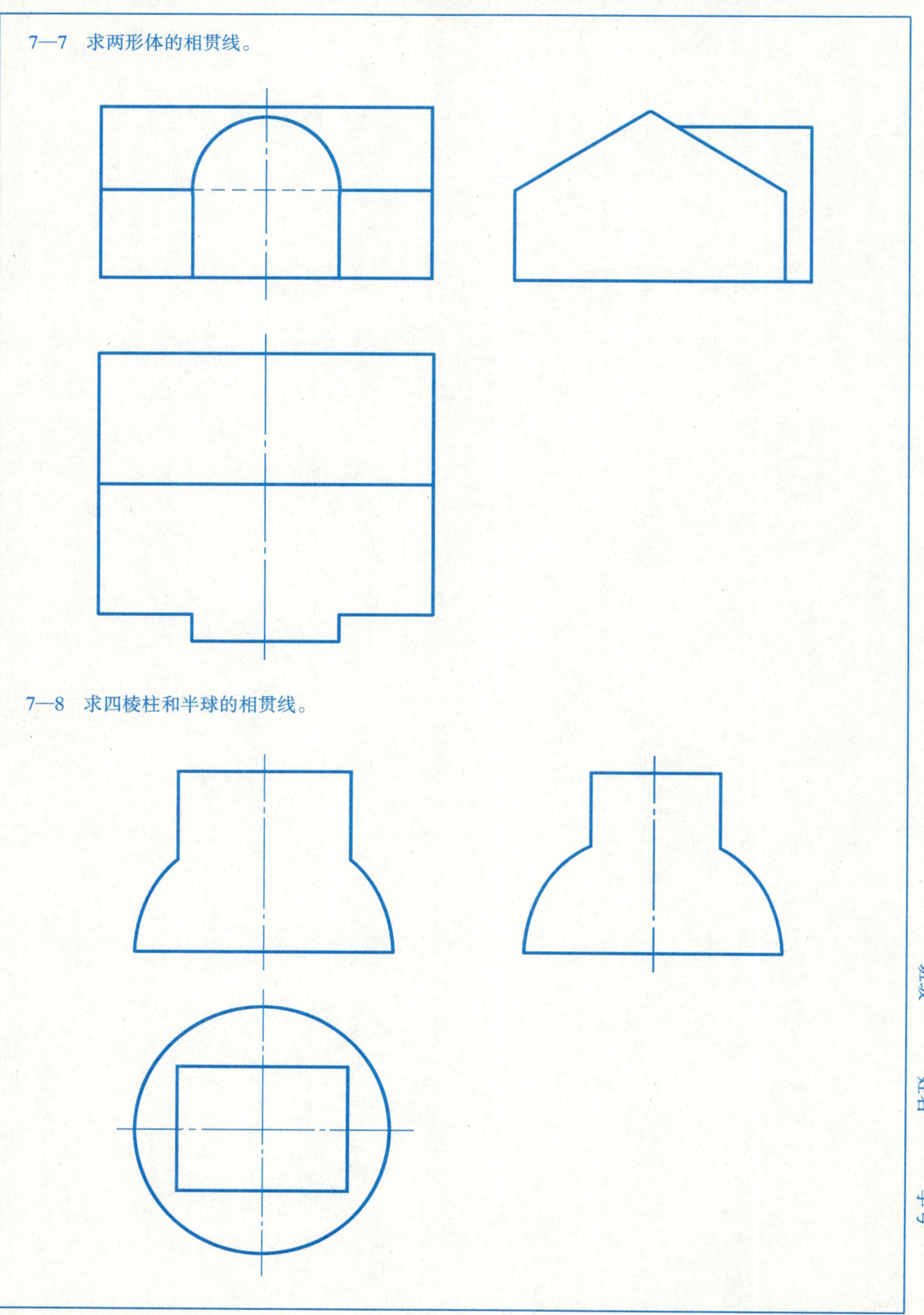

7—8　求四棱柱和半球的相贯线。

班级　　　　姓名　　　　学号

7—9　求圆柱和四棱锥的相贯线。

7—10　求圆锥和四棱柱的相贯线。

7—11　求两正交圆柱的相贯线。

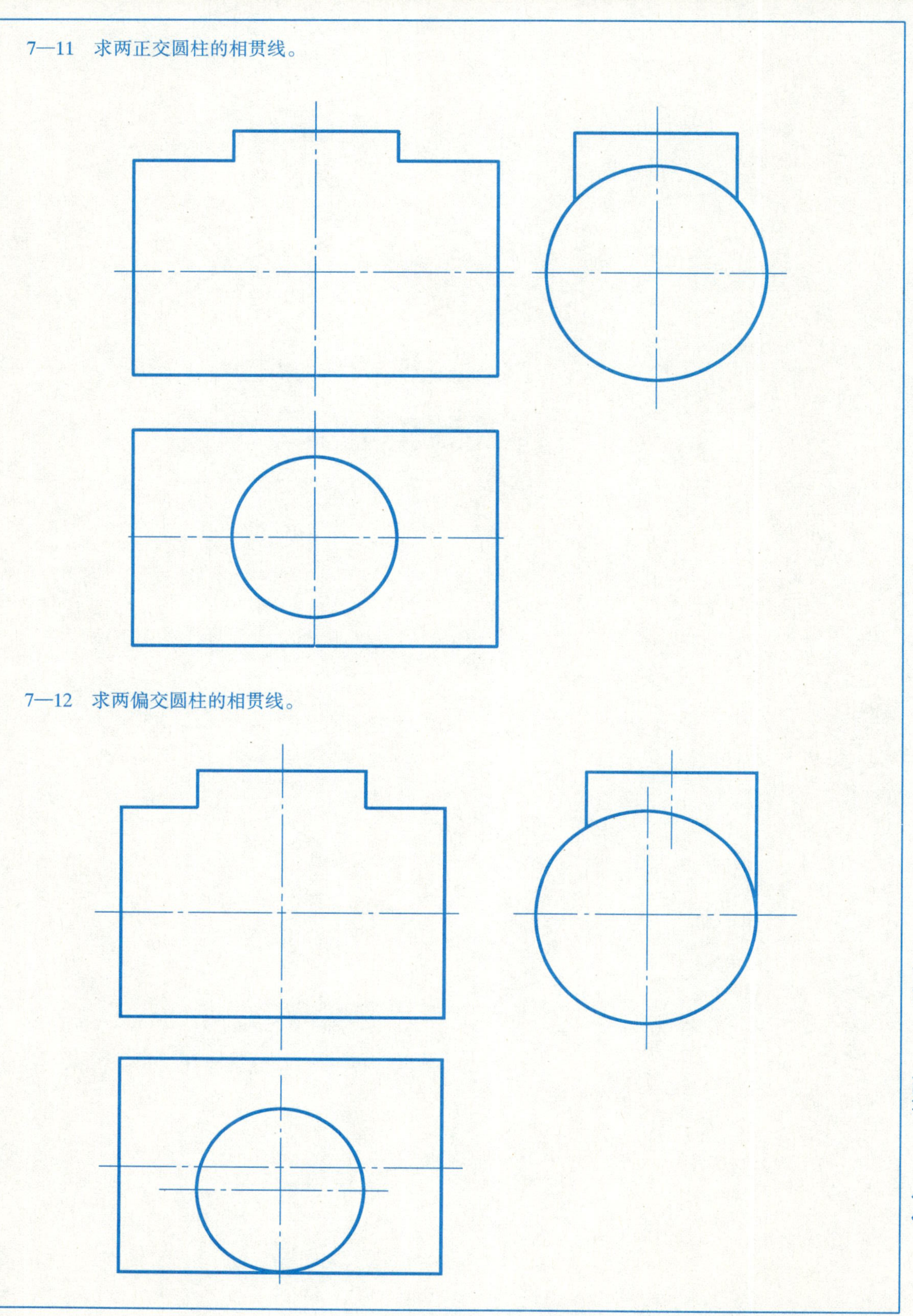

7—12　求两偏交圆柱的相贯线。

7—13　求圆柱和圆锥的相贯线。

7—14　求圆柱和圆柱、半球的相贯线。

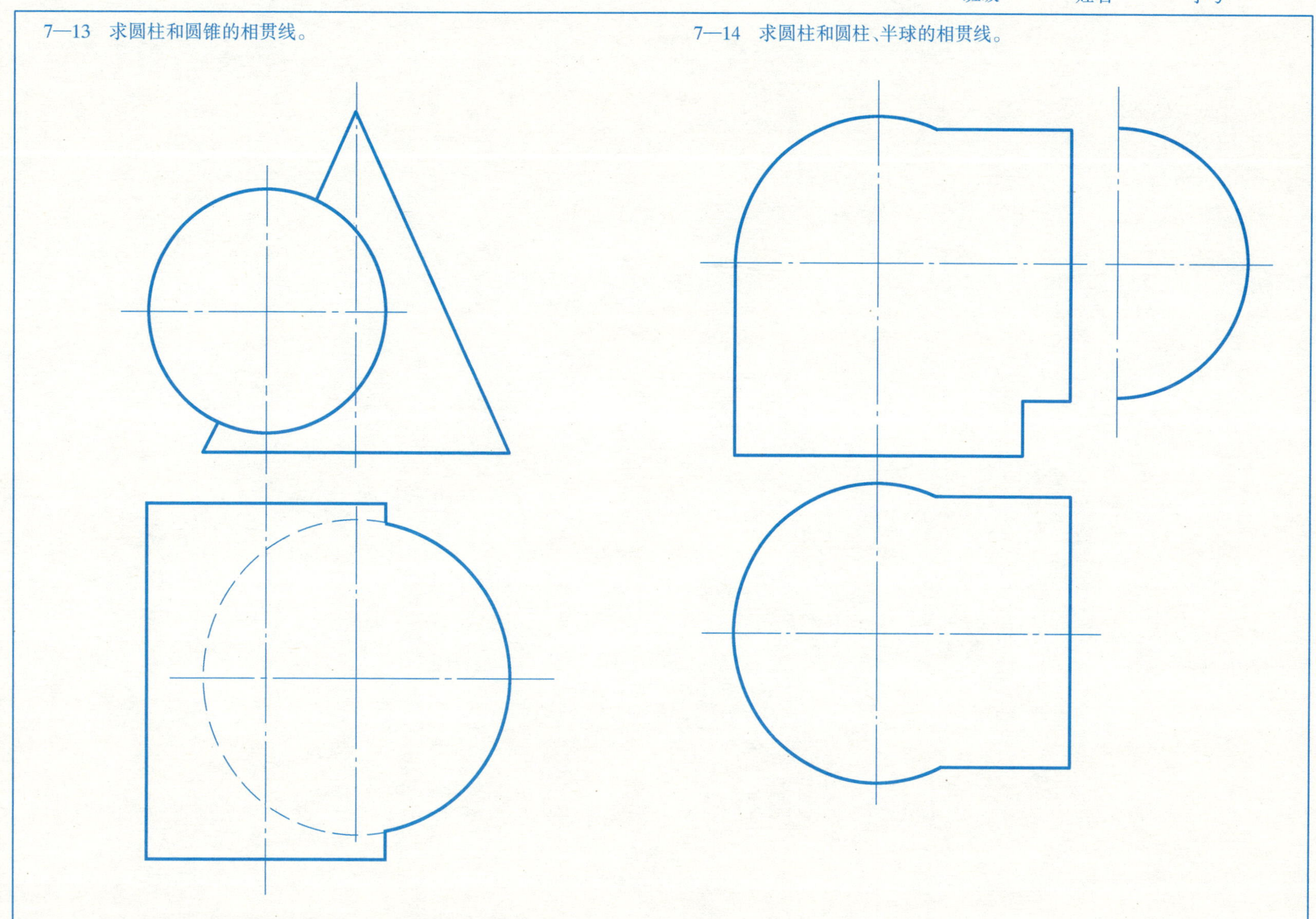

8—1 求作下列物体的正等轴测图。

(1)

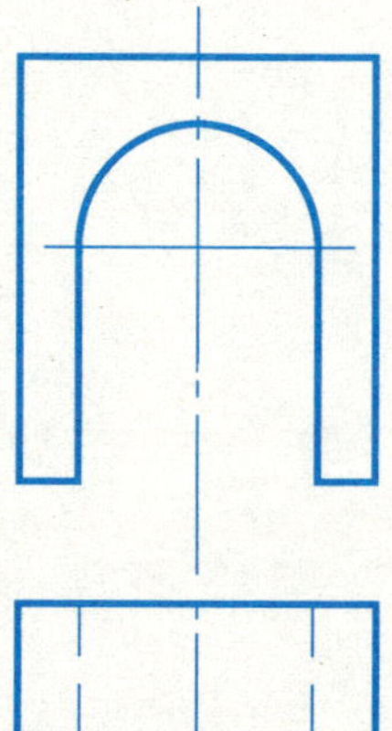

(2)

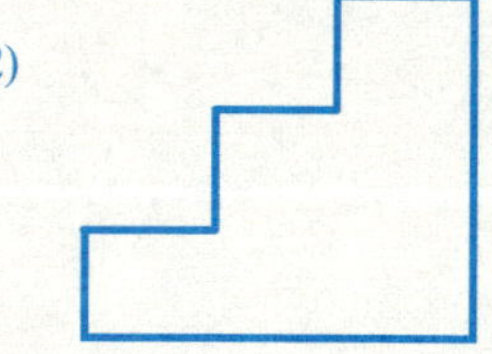

(3)

(4)

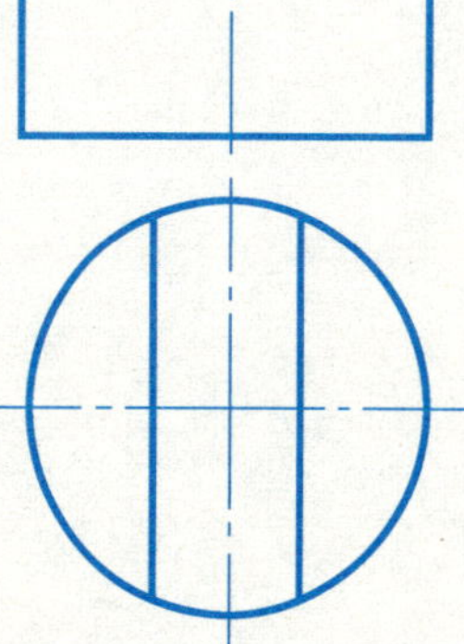

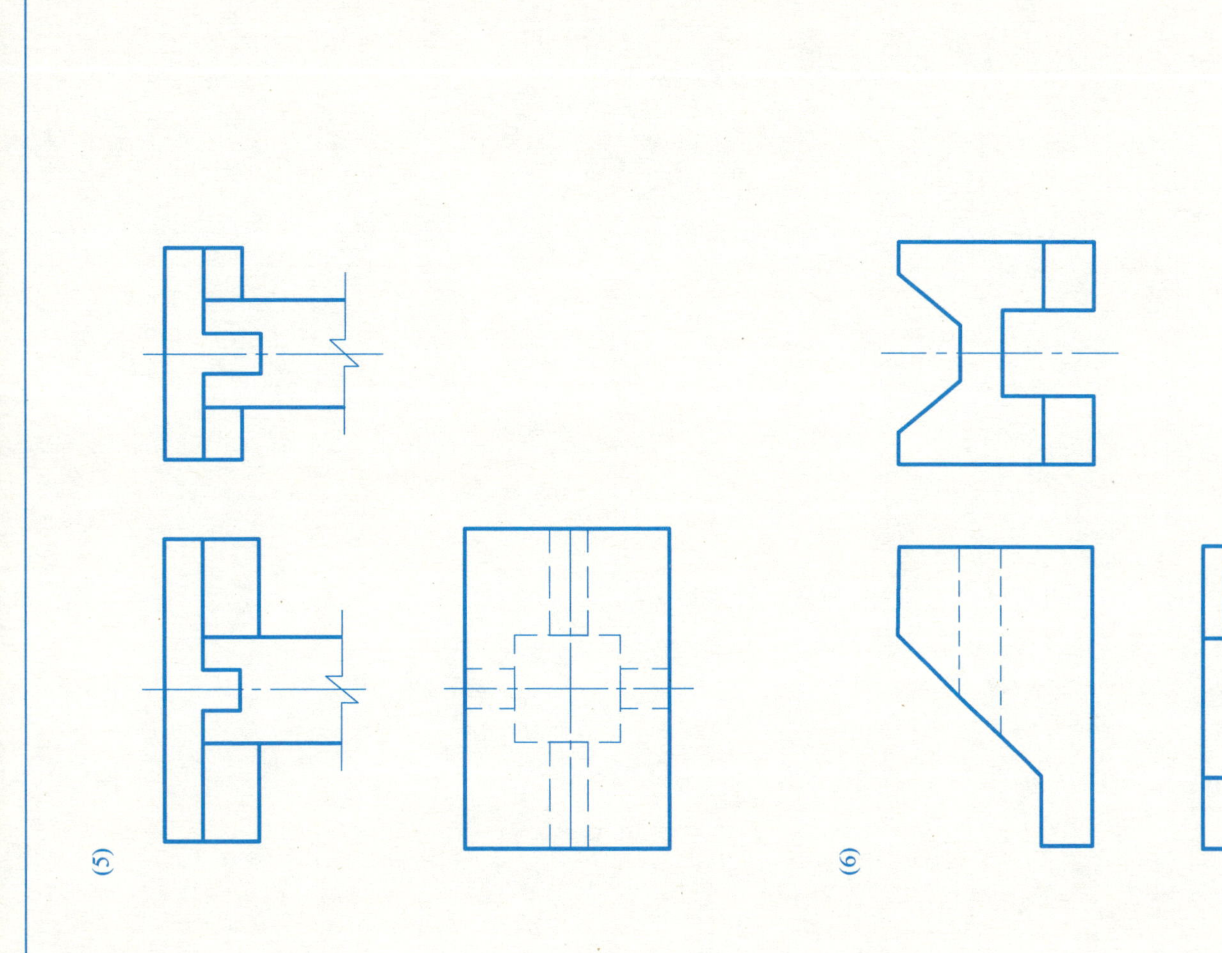

(5)

(6)

(7)

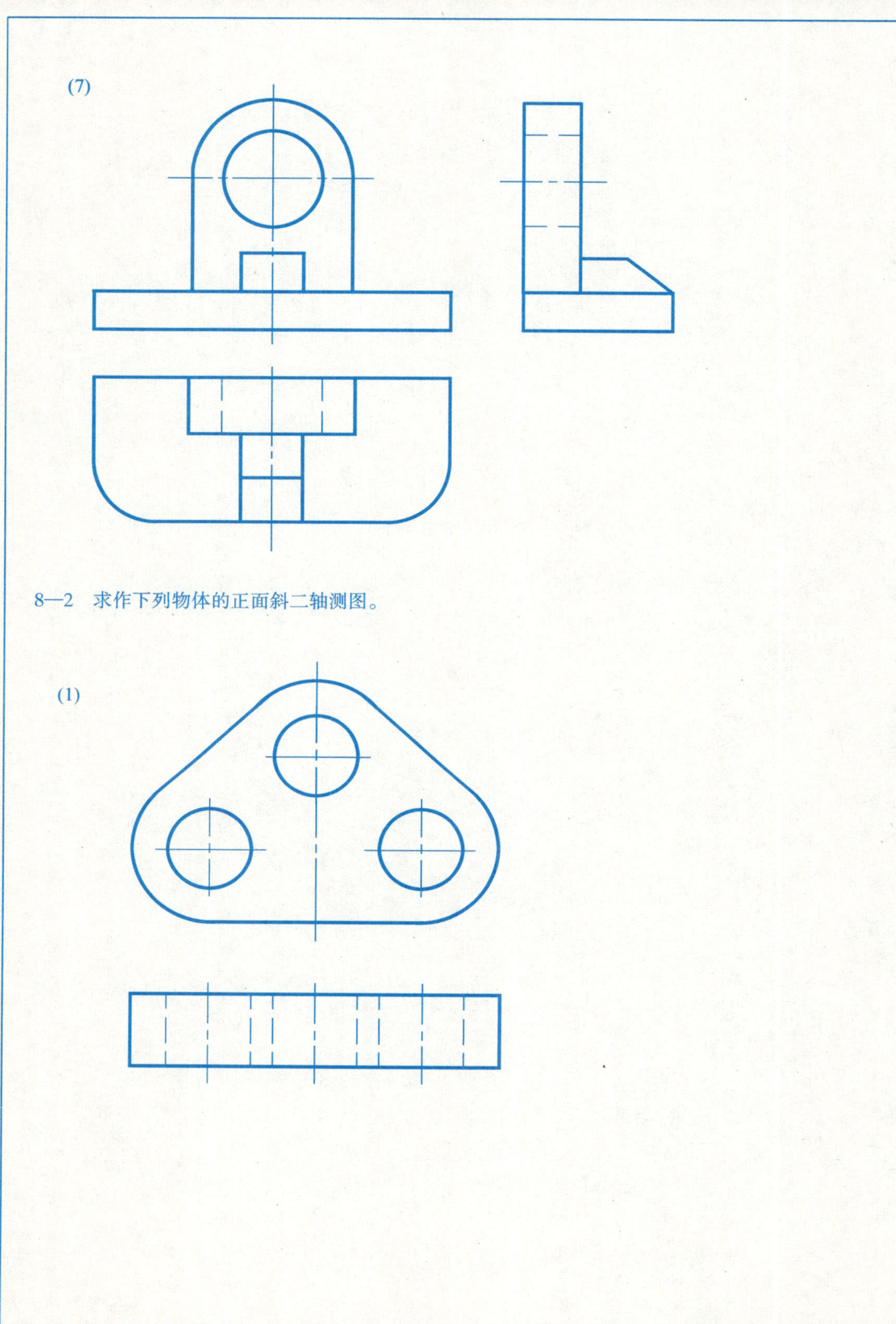

8—2　求作下列物体的正面斜二轴测图。

(1)

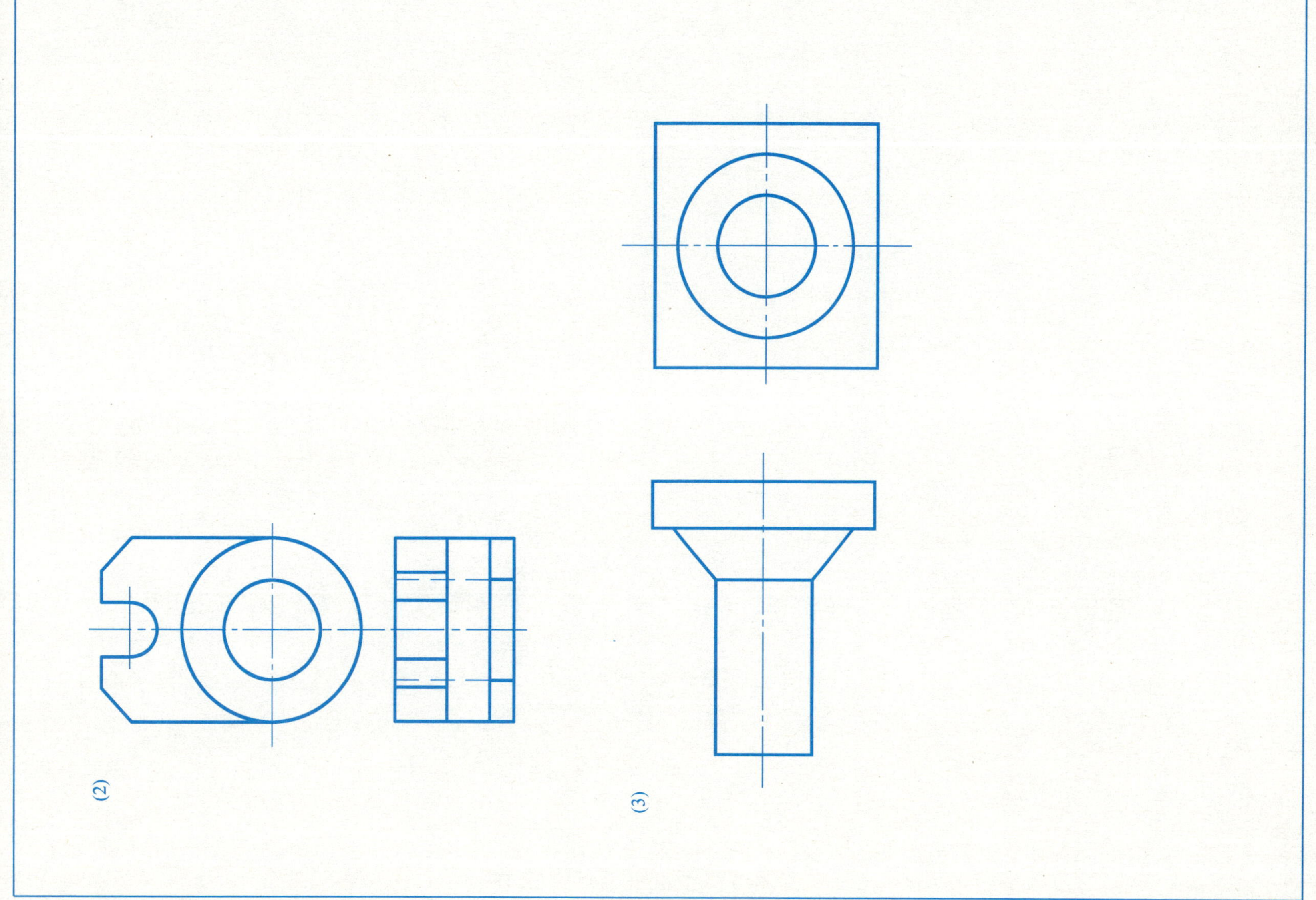
(2)
(3)

8—3　求作下列物体的水平斜等轴测图。

(1)

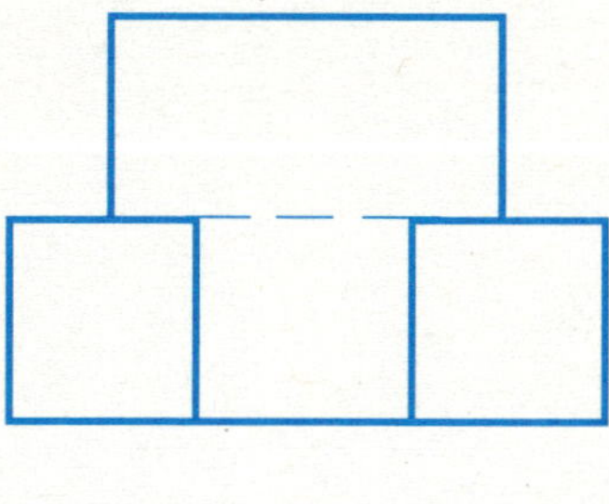

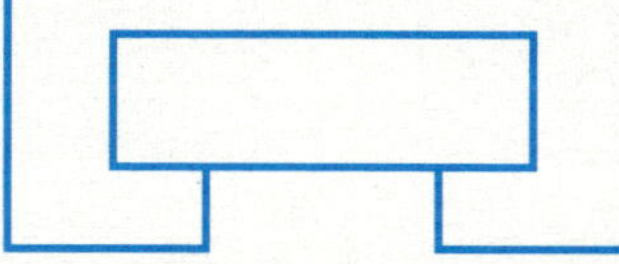

(2)

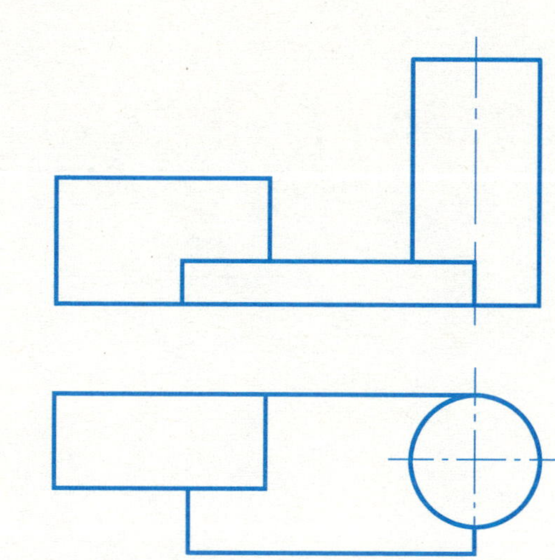

9—1　求作点 A 及其足的透视。

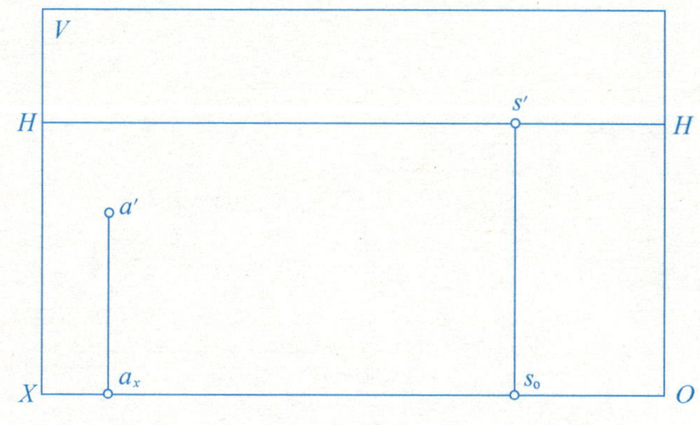

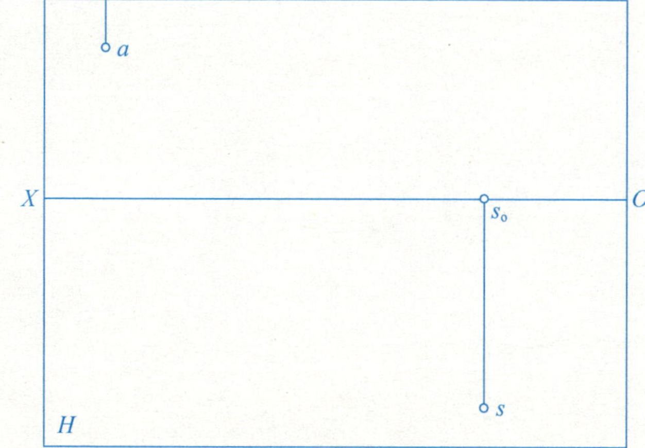

9—2　求作 AB 直线的透视。

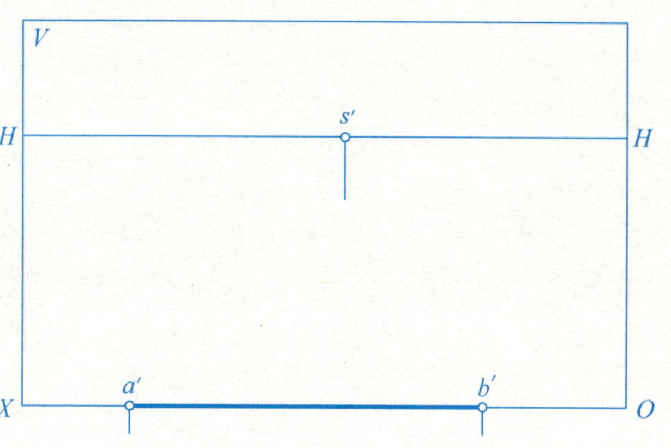

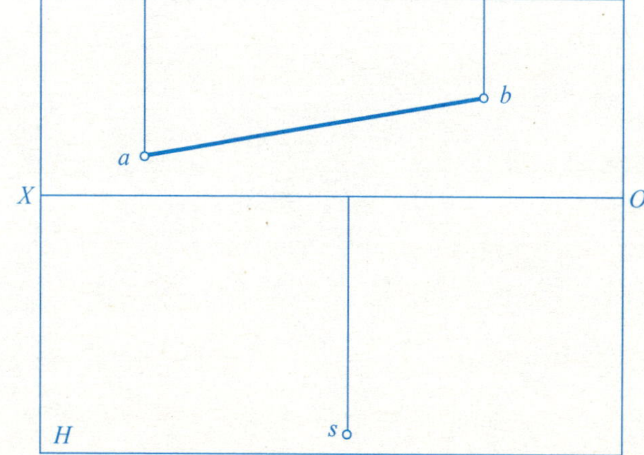

9—3　求作位于 H 面上的多边形的透视。

(1)

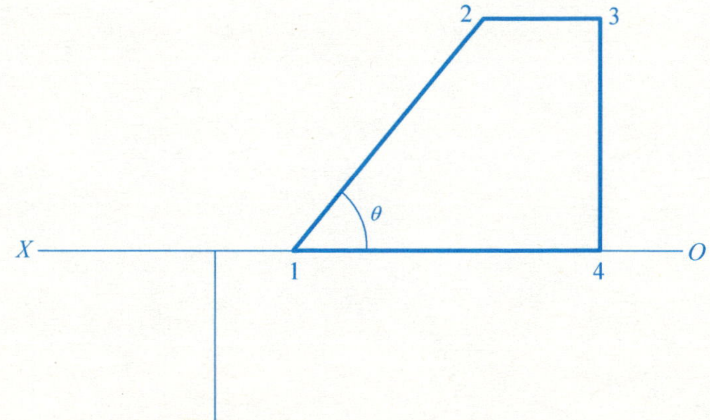

(2)

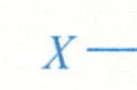

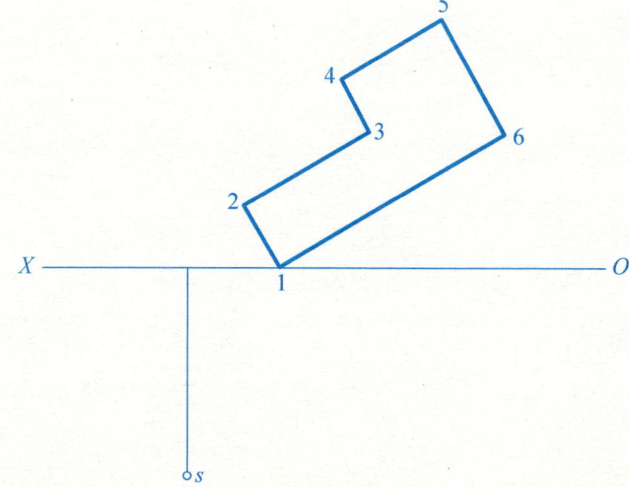

9—4　按所给条件作物体的两点透视。

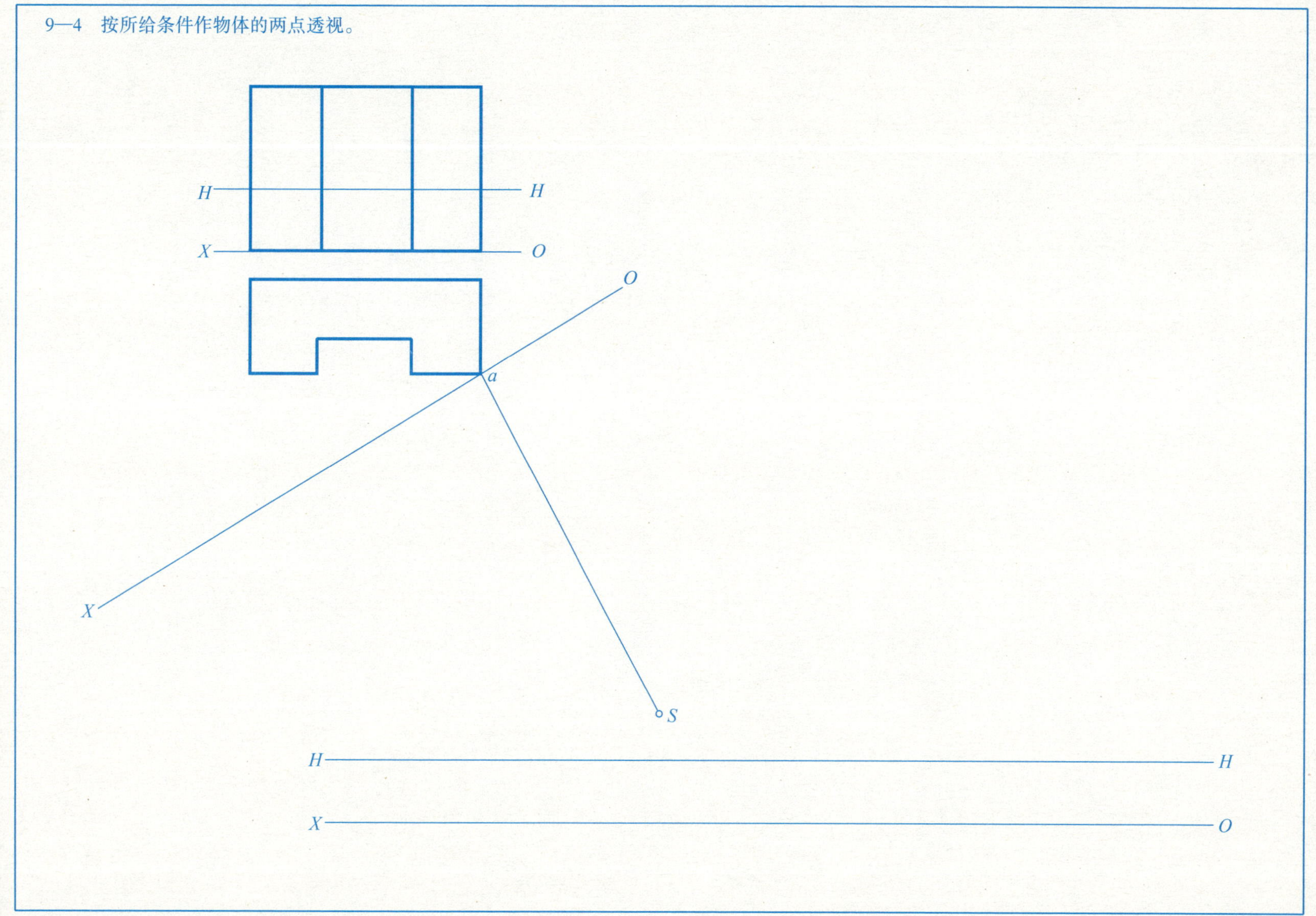

9—5　按所给条件作台阶的两点透视。

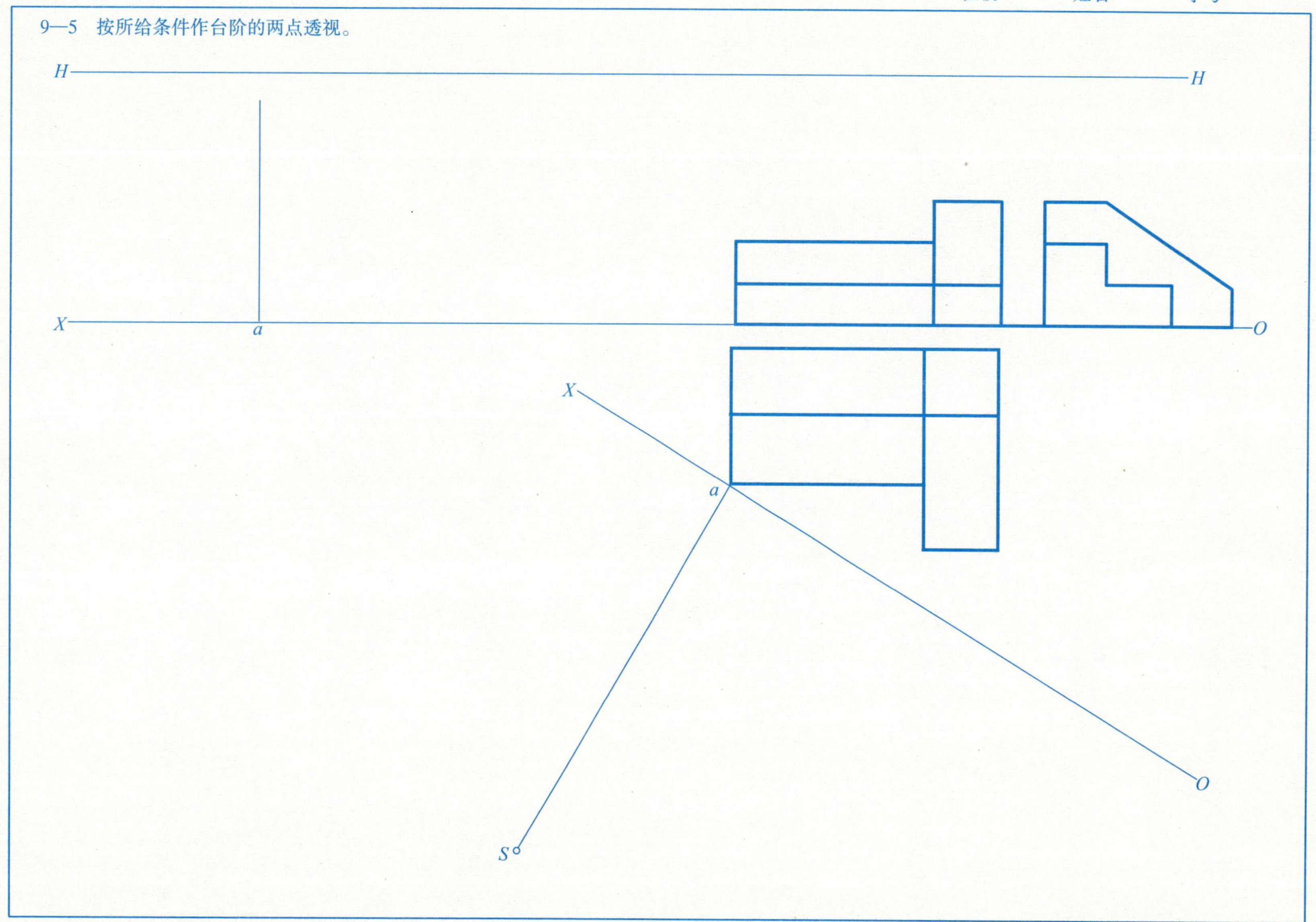

9—6　按所给条件作建筑物的两点透视。

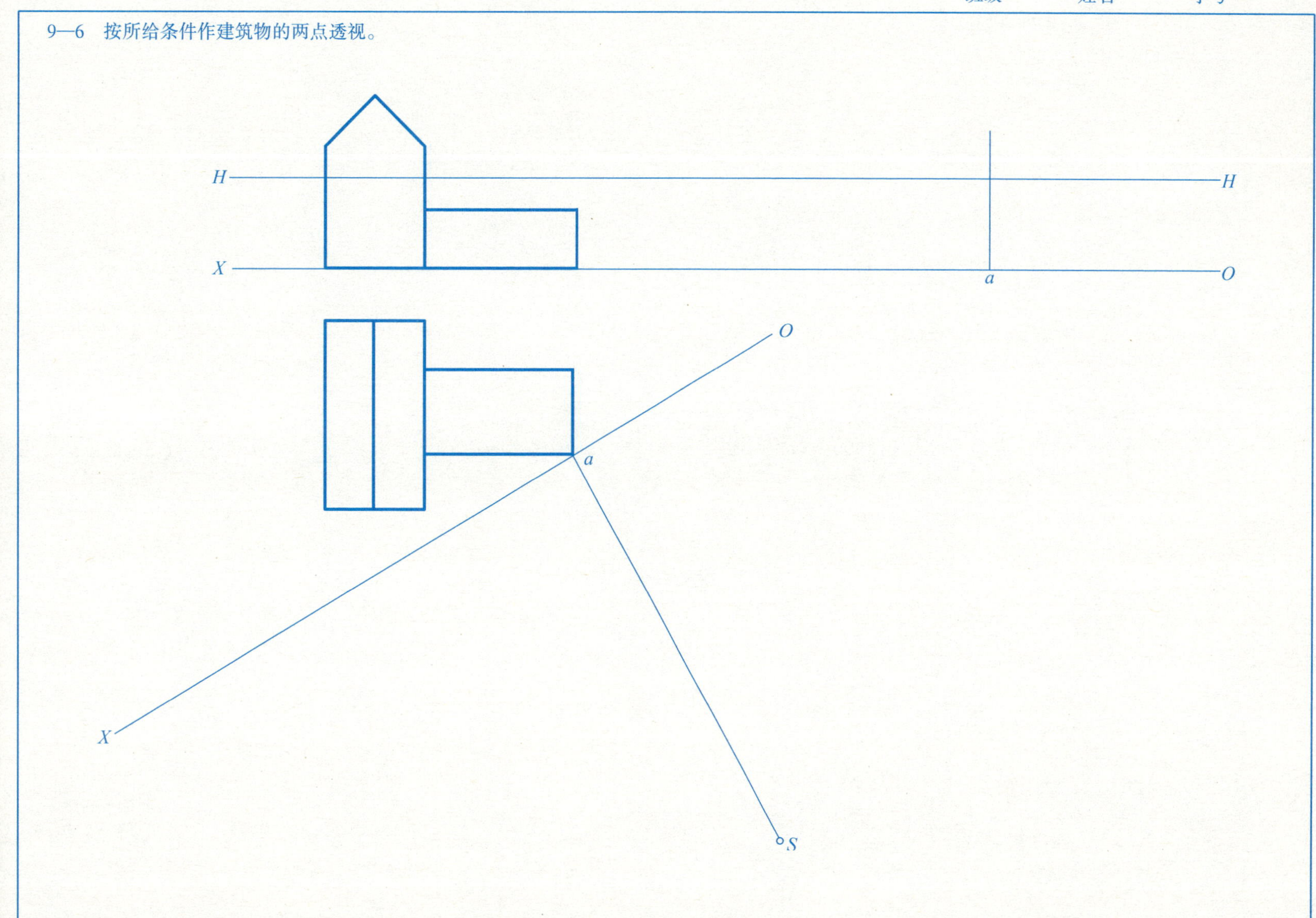

9—7　按所给条件作建筑物的两点透视。

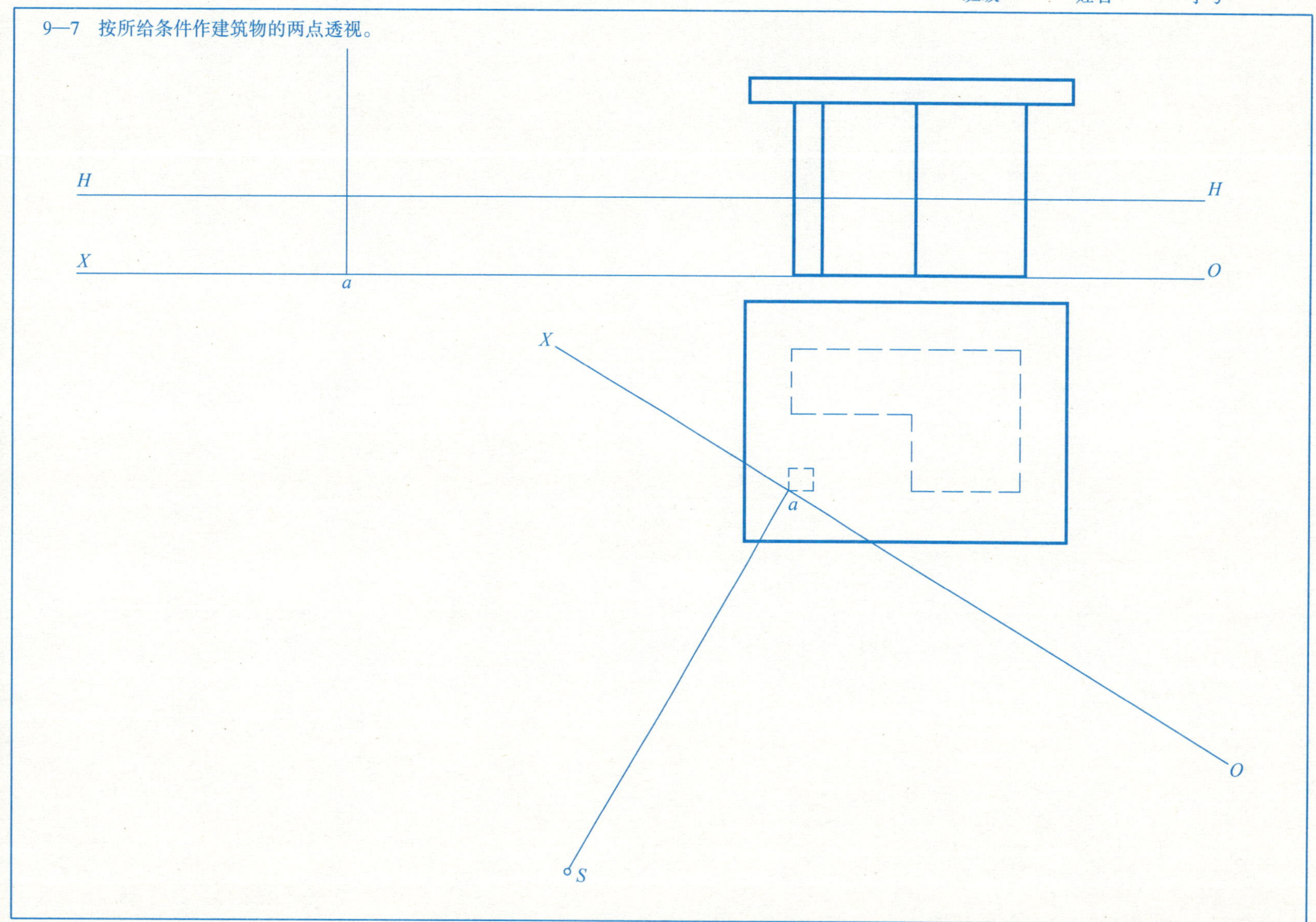

9—8　按所给条件作建筑物的两点透视。

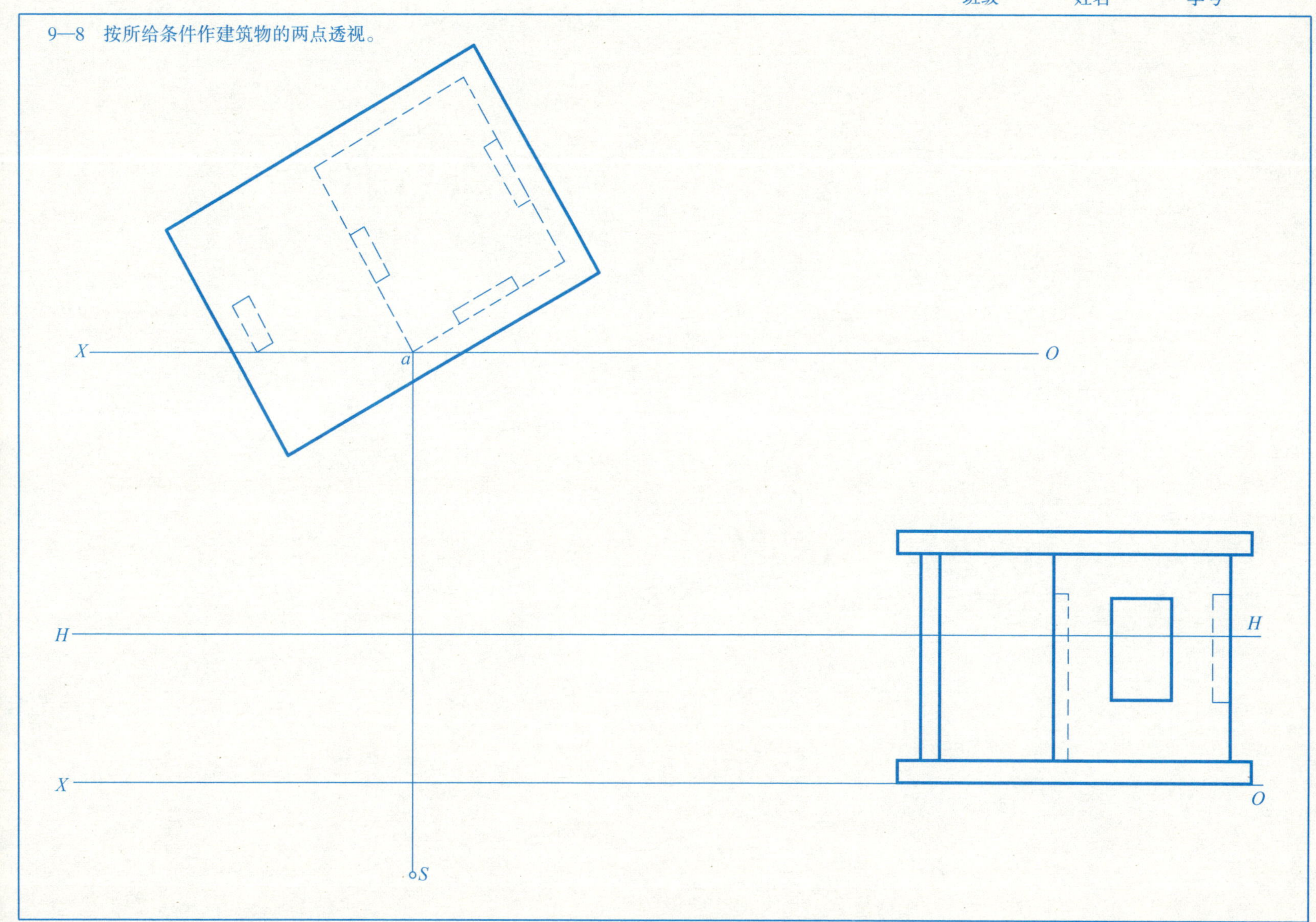

9—9　求作门、窗及雨篷的两点透视。

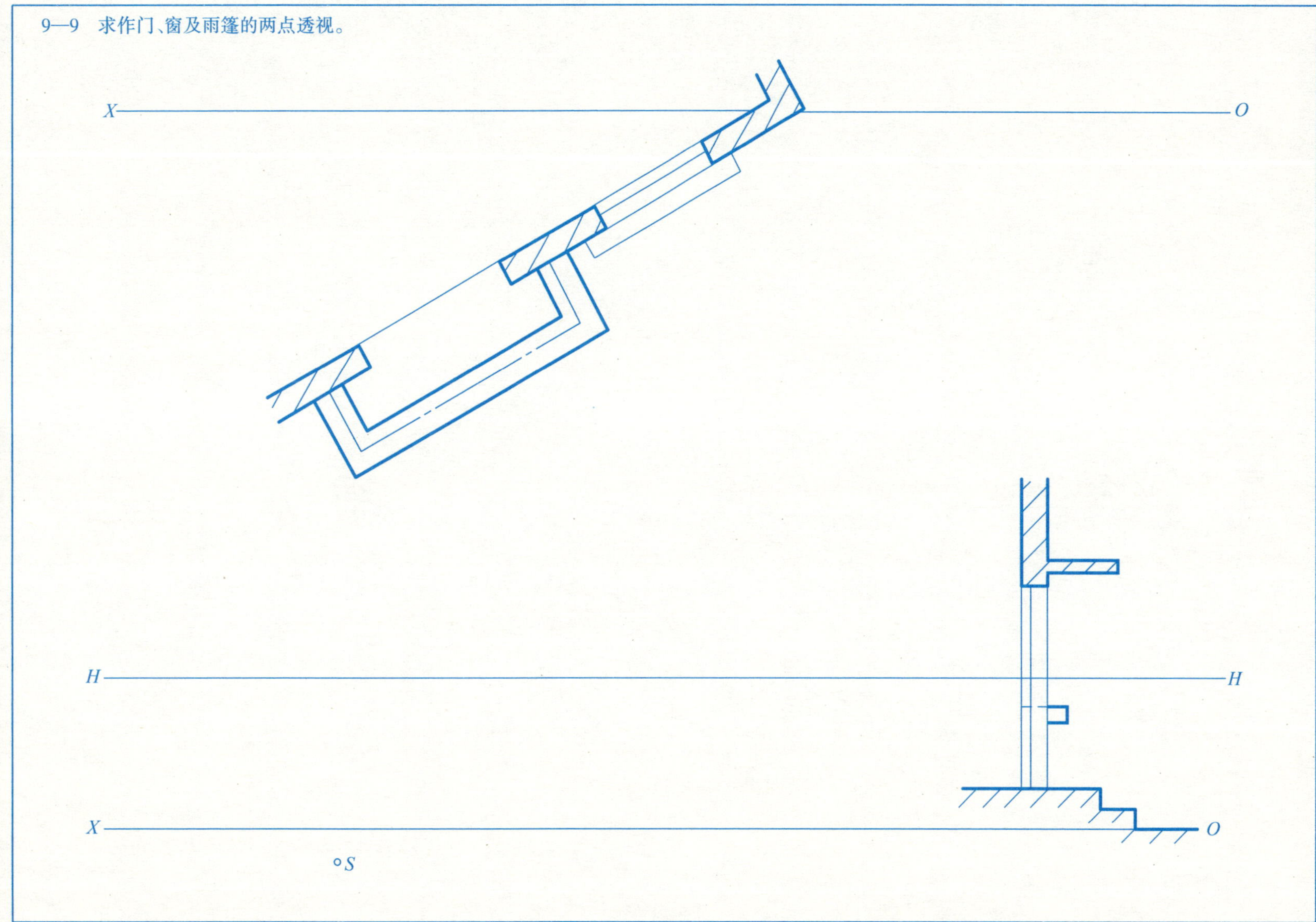

9—10　按所给条件作街景的一点透视。

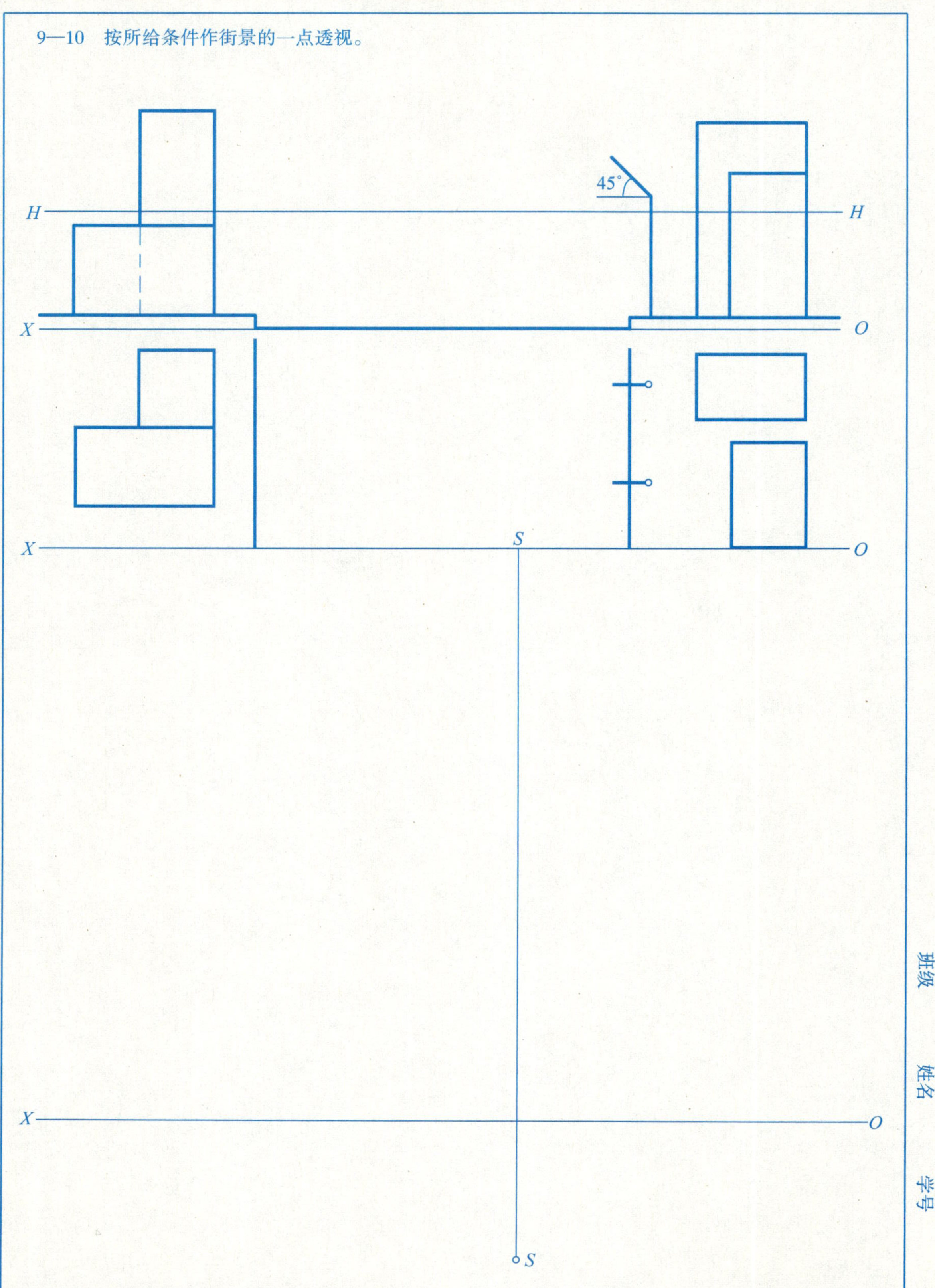

班级　　　　姓名　　　　学号

9—11　求作室内的一点透视（自选站点、视平线、主视距）。

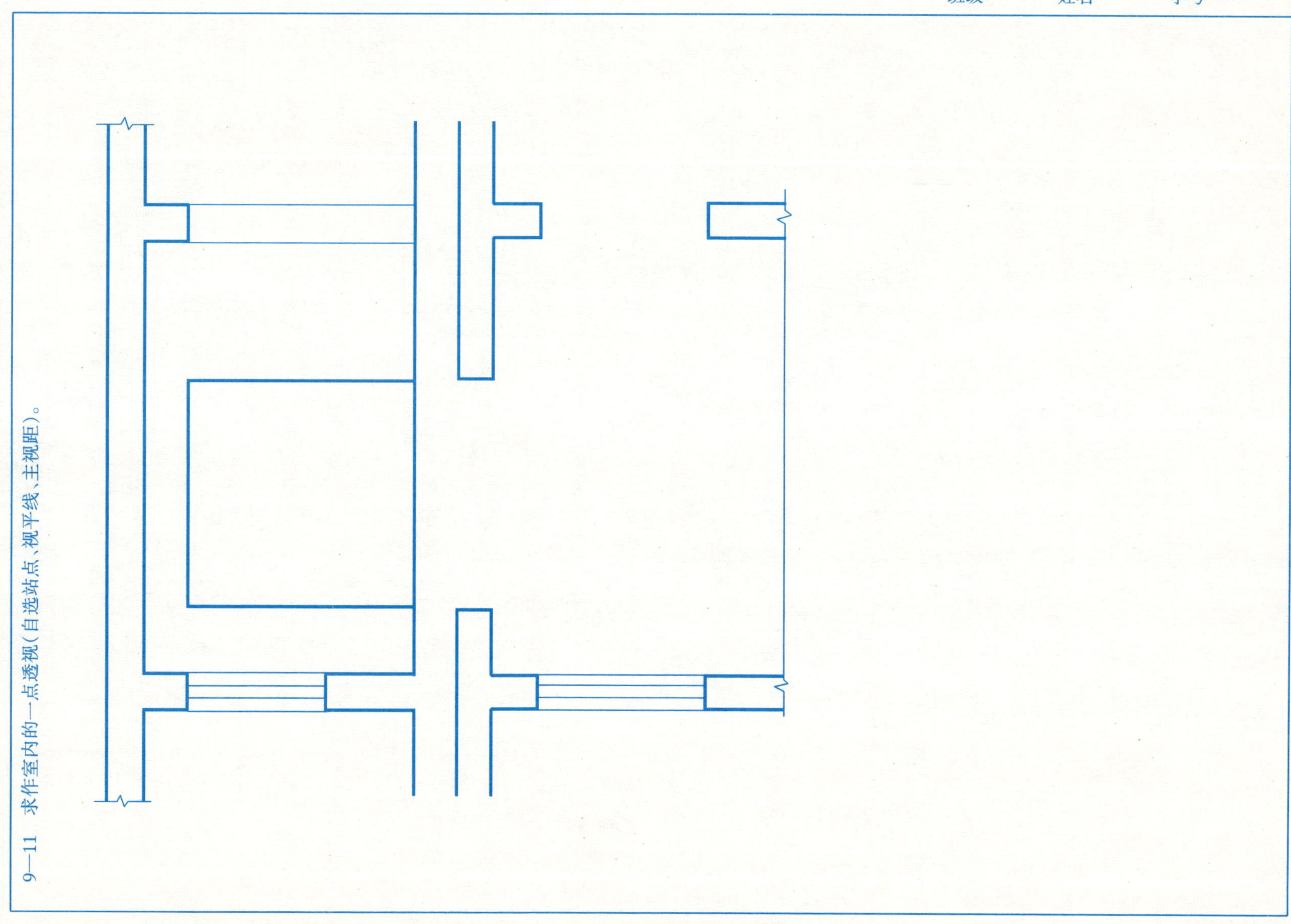

10—1　已知 AB 线段的标高投影、比例尺，求 AB 对地面的倾角 α、实长、坡度、平距以及整数标高点。

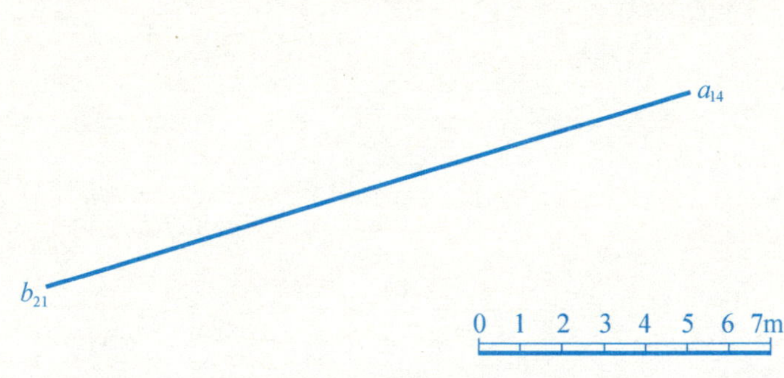

10—2　已知条件如图，求平面 P 对地面的倾角 α 和平面的等高线。

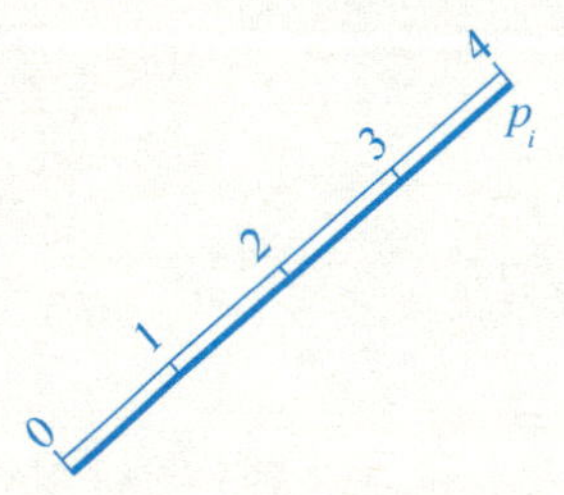

10—3　已知平面上直线 AB 的标高投影和平面的坡度，求平面上的等高线和坡度比例尺。

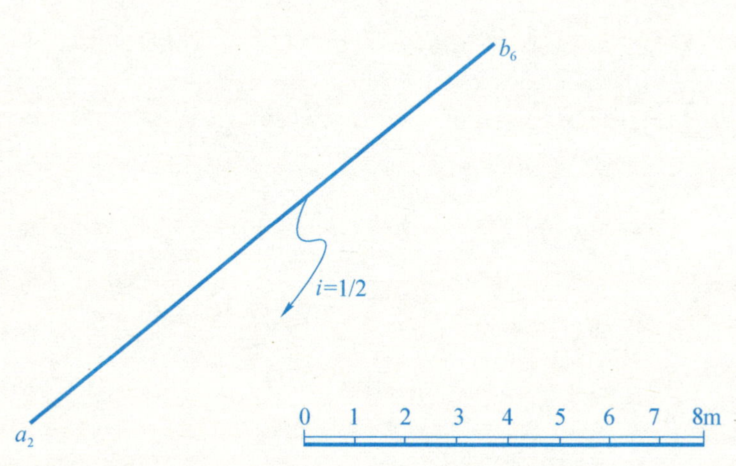

10—4　已知△ABC 的标高投影，求三角形平面的等高线、最大坡度线和倾角 α。

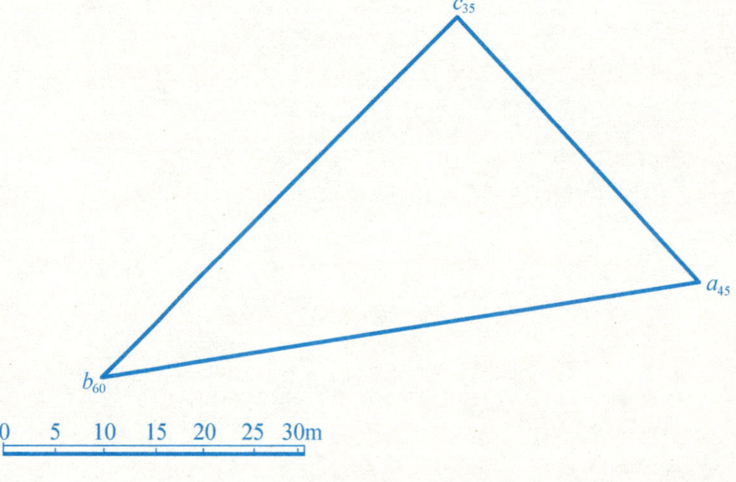

10—5　作出二平面的交线。

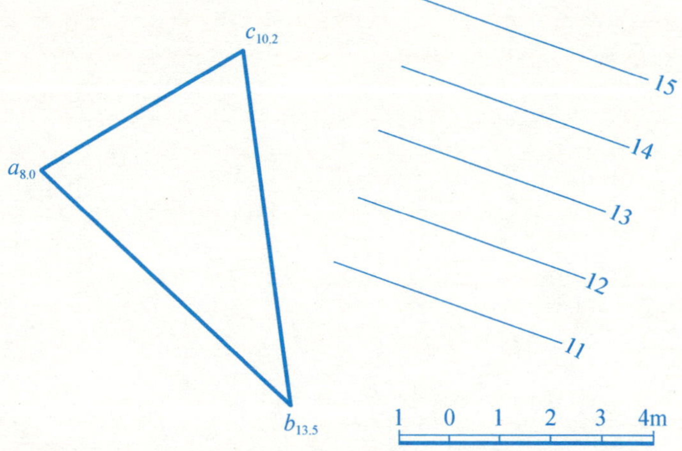

10—7　求作二堤的边坡与标高为零的地面的交线及各坡面间的交线。

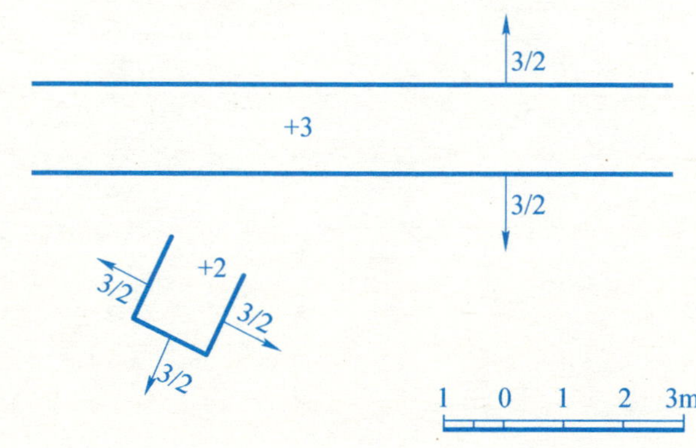

10—6　求作坝顶、地面与河底、河岸间的交线。

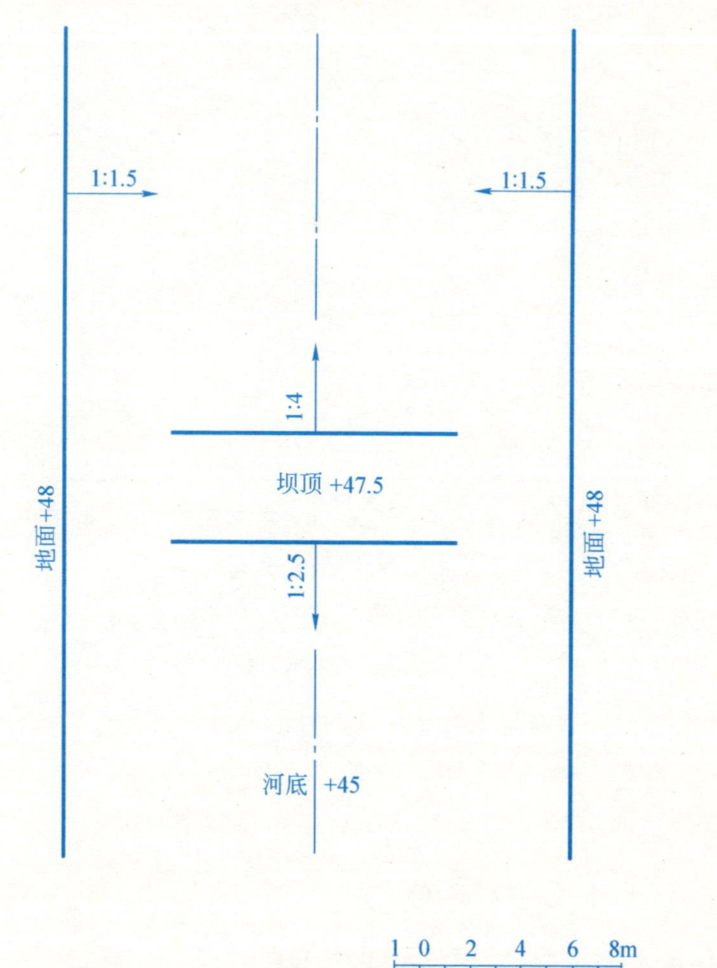

10—8　求作凹坑的各坡面与标高为零的地面的交线及各坡面间的交线。

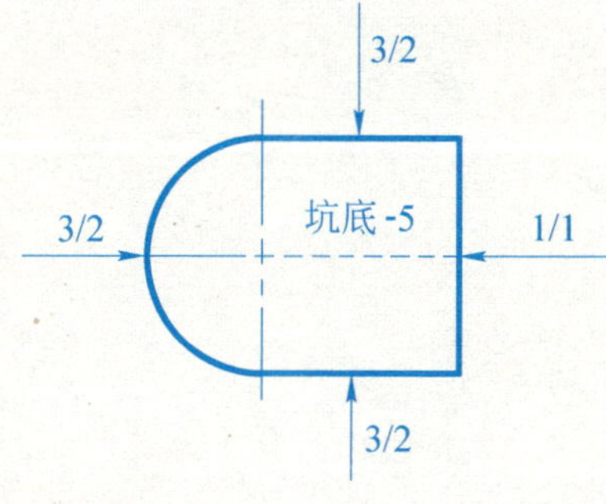

10—10　坡度为 1/8 的引道把标高为 +2.5 的场地与标高为零的地面相连接求作各边坡和引道路面与地面的交线，以及各坡面间的交线。

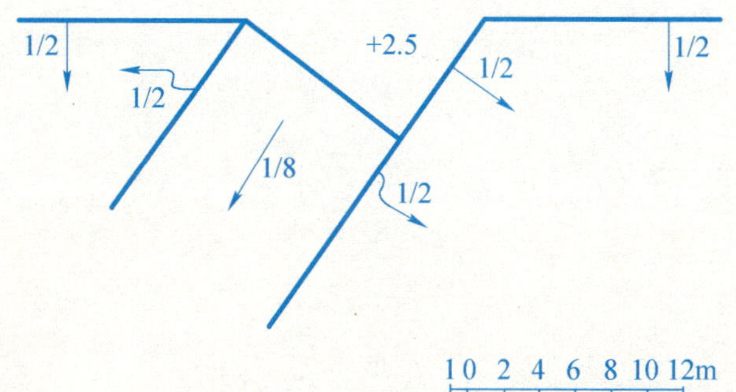

10—9　在土坝与河岸的连接处，筑一圆锥面护坡，求作此护坡与河岸边坡及坝面间的交线。

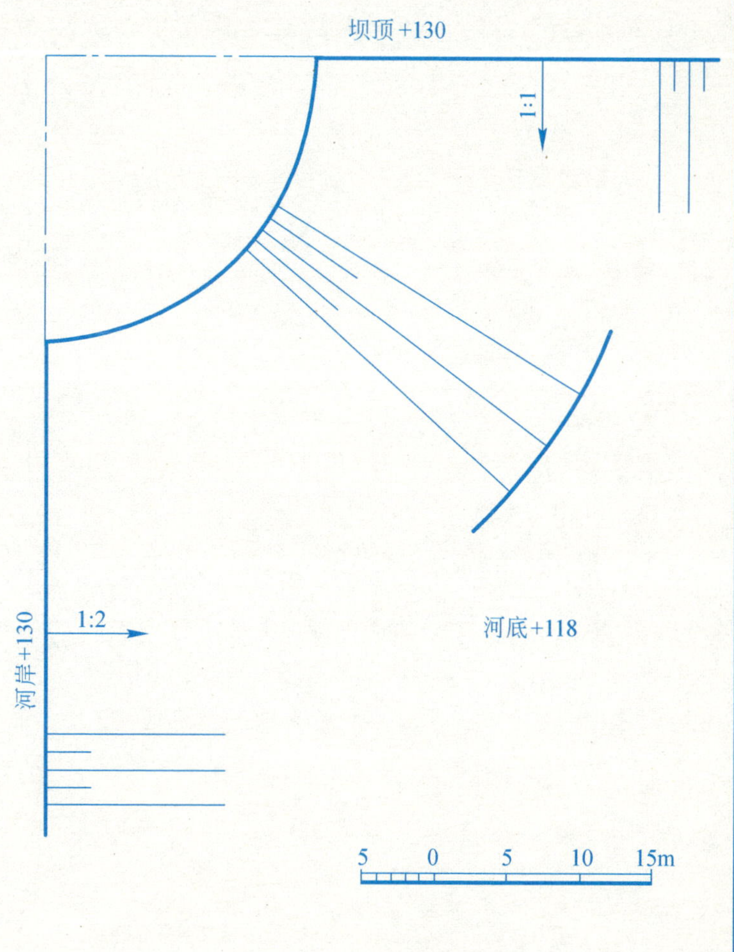

班级　　　　姓名　　　　学号

10—11　求直线 AB 与地面的交点。

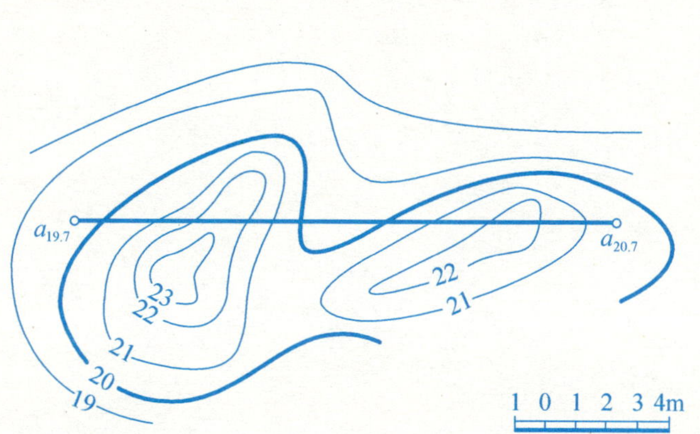

10—12　在地面筑一标高为 +35 的圆形场地，填方坡度为 2/3，挖方坡度为 1/1，求作填挖方界线。

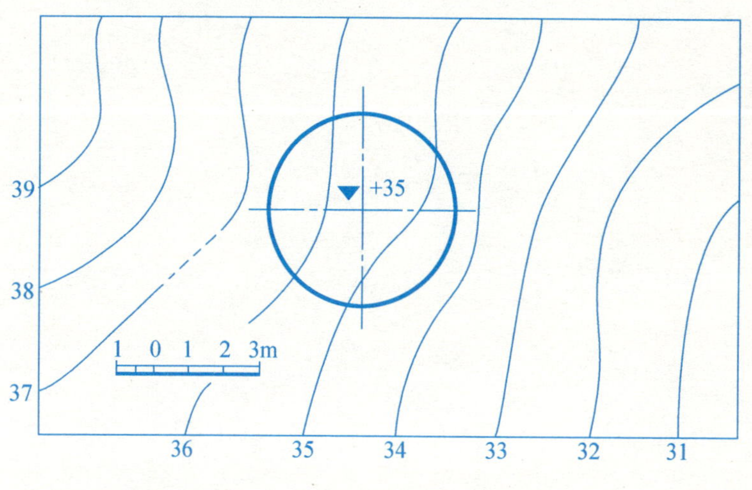

10—13　路面标高为 +46，填方坡度为 2/3，挖方坡度为 1/1，求作填挖方界线，并作出地面和道路的横断面 A—A。

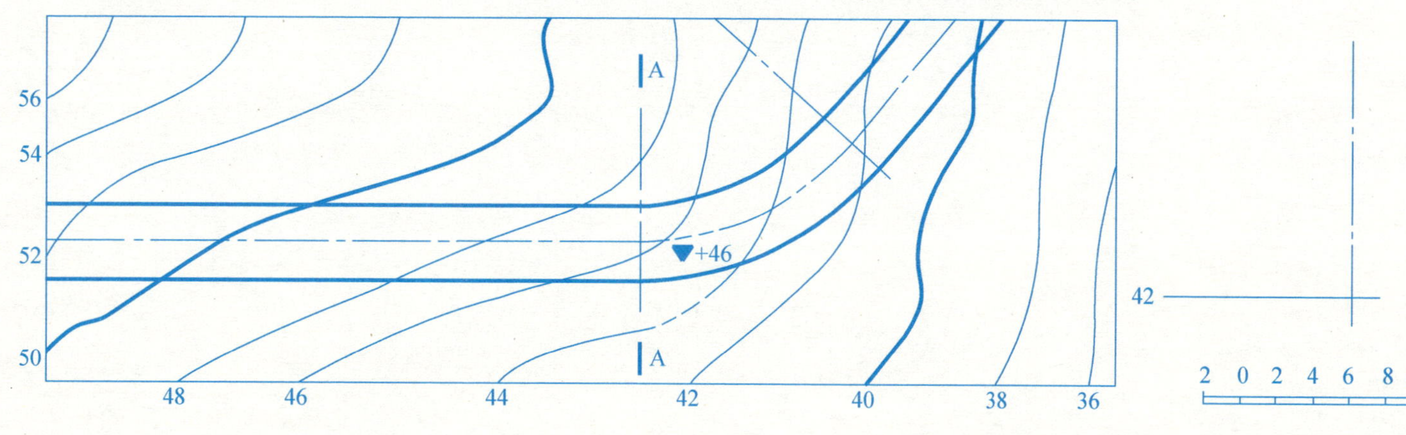

11—1　练习长仿宋字。

长仿宋体字例公铁路工程拱桥台墩隧道涵洞翼墙护坡房屋仓库
建筑物梁板支柱桩设计技术细部结构造标高尺寸中心轴线附注
平面图填挖方材料钢筋混凝土砖木干砌块卵石灰砂浆沥青水泥

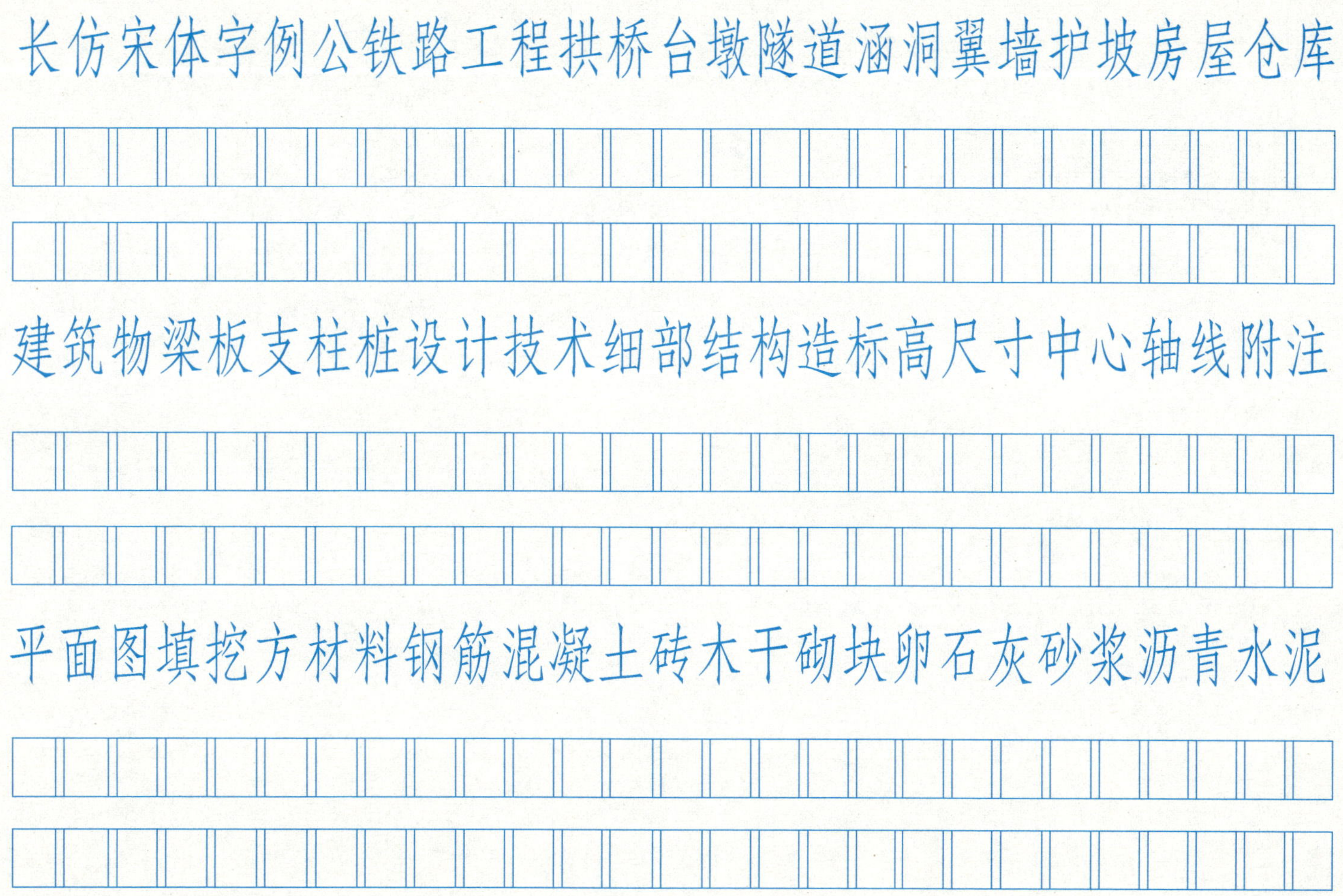

班级　　　　姓名　　　　学号

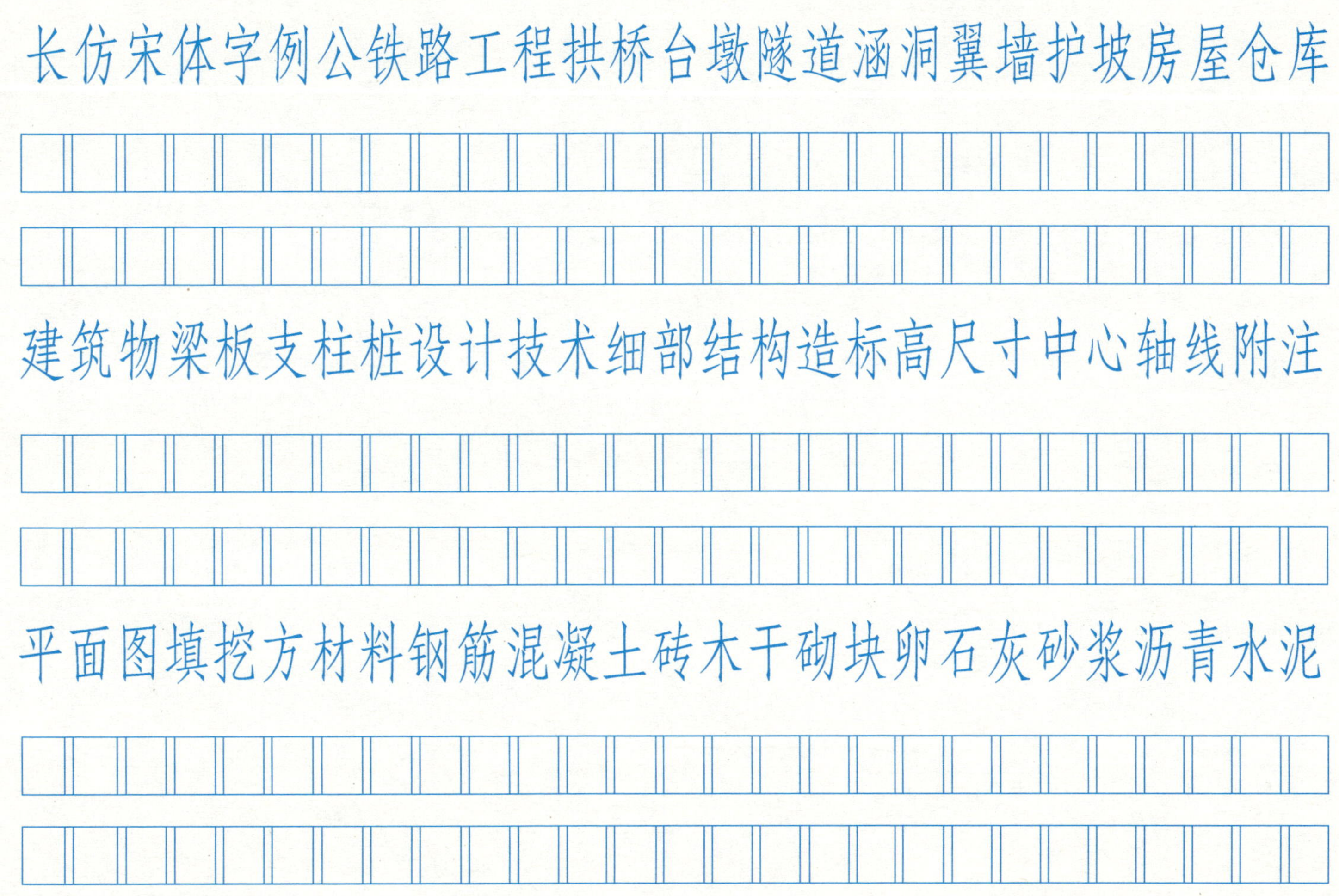

班级　　姓名　　学号

字体结构	字样	练习
左右	粉 林 颁 针 材	
上下	台 普 显 需 泵	
上中下	型 整 照 瑟 架	
左右（左分上下）	部 封 邵 剖 卧	
左右（右分上下）	修 焊 棍 脂 旋	
上包下	筑 覆 筋 苑 窍	
左下包	建 通 速 近 起	
左上包	房 屋 灰 廊 压	
独体字	为 心 交 中 上	

班级　　姓名　　学号

字体结构	字样	练习
左右	粉 林 颁 针 材	
上下	台 普 显 需 泵	
上中下	型 整 照 瑟 架	
左中右	部 封 邵 剖 卧	
左右（右分上下）	修 焊 棍 脂 旋	
上包下	筑 覆 筋 苑 窍	
左下包	建 通 速 近 起	
左上包	房 屋 灰 廊 压	
独体字	为 心 交 中 上	

11—2　数字和字母练习(临摹“画法几何及工程制图”第十一章中的相关字体)

数字 12

大写字母 AB

小写字母 abg

班级　　姓名　　学号

数字 12

大写字母 AB

小写字母 abg

班级　　　　　姓名　　　　　学号

11—3　在 A3 幅面的图纸上，用 1∶1 的比例按下列图形练习图线（不注尺寸），图名为“图线练习”。

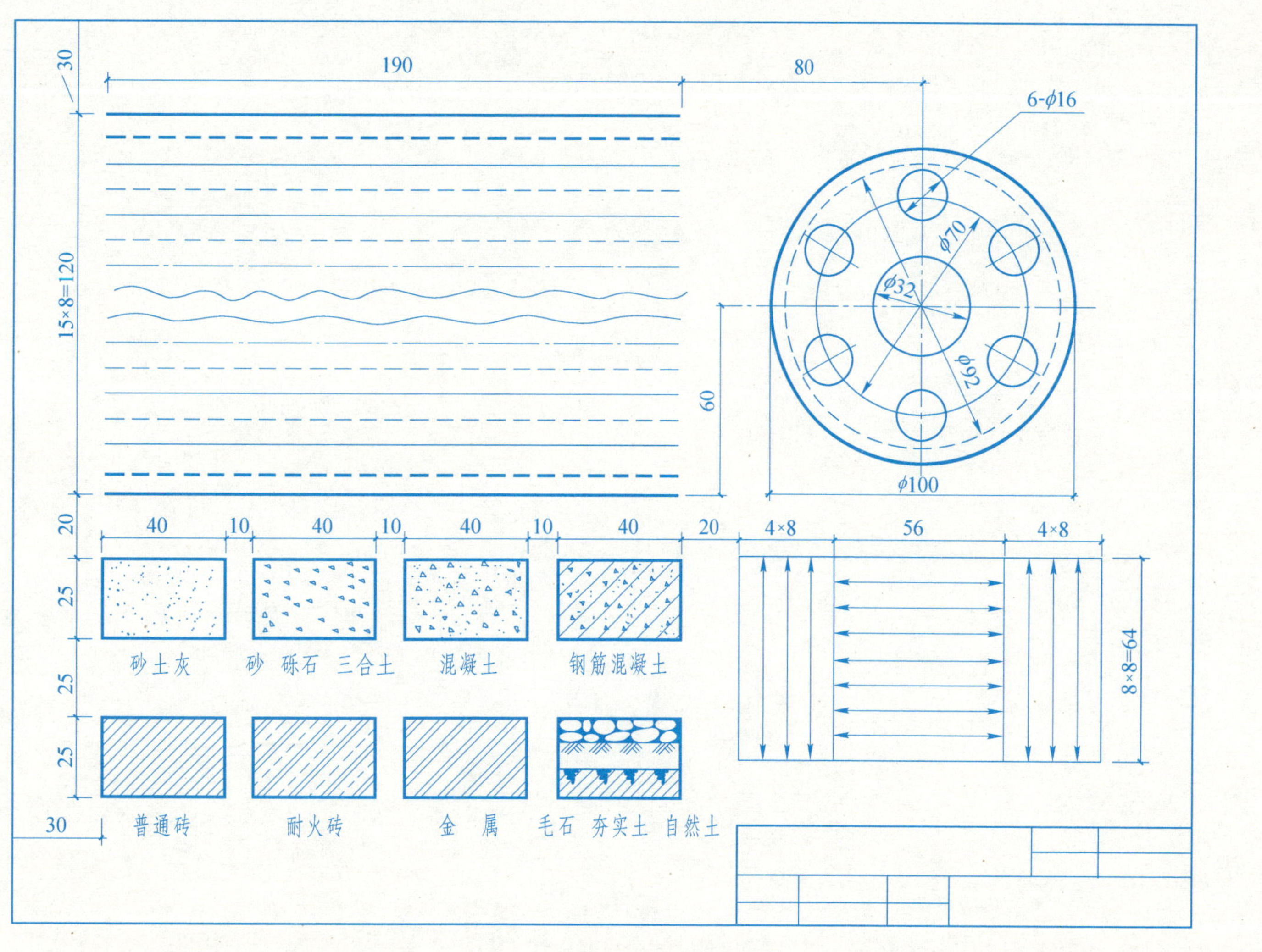

11—4　在 A3 幅面的图纸上，用 1∶1 的比例抄绘下列图形，并标注尺寸。图名为“几何作图”。

11—5　按给出的图样,画徒手图。

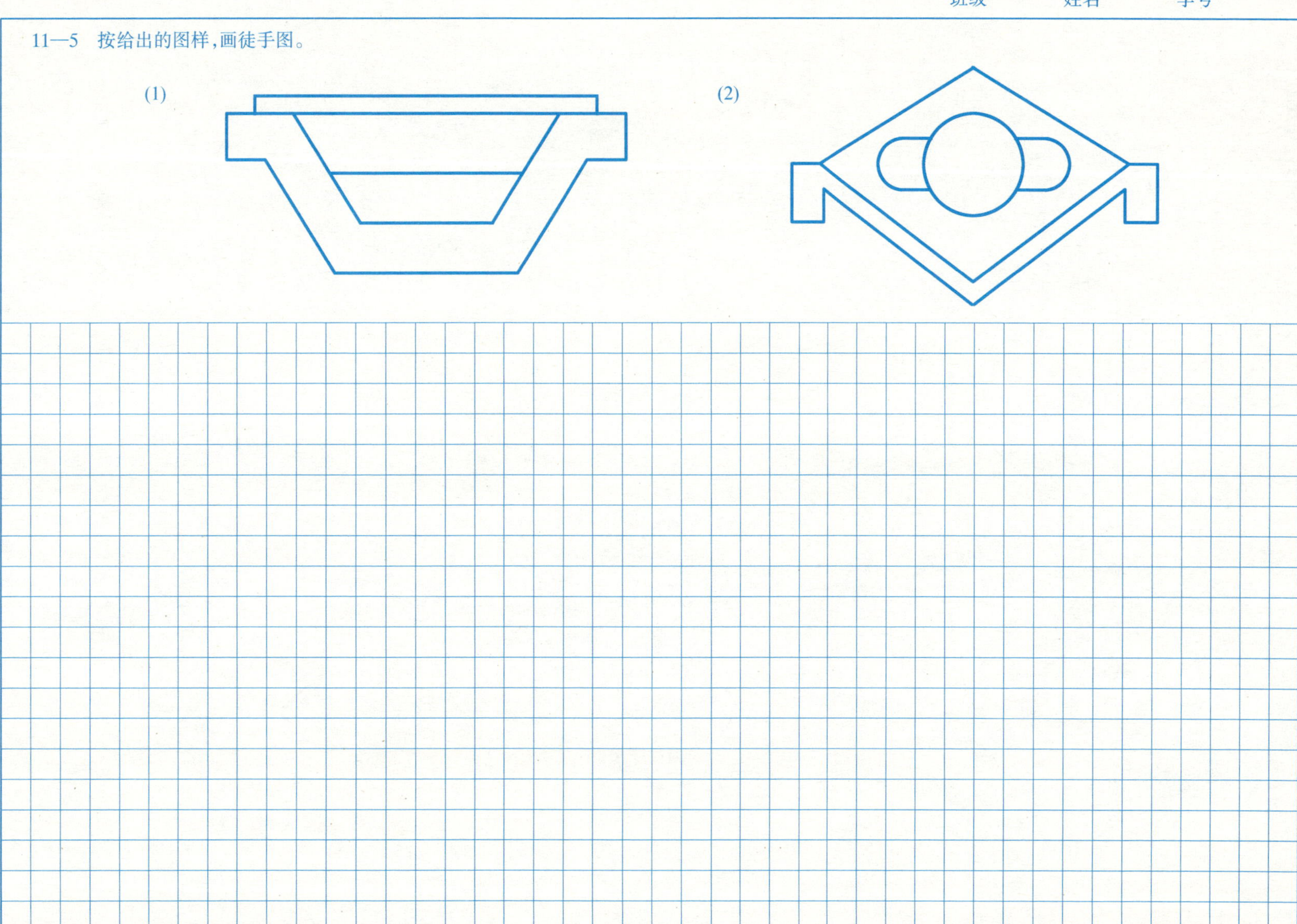

班级　　　　姓名　　　　学号

12—1　求作下列物体的第三投影，并在投影图中标出平面 P 和 R 的其余两投影。

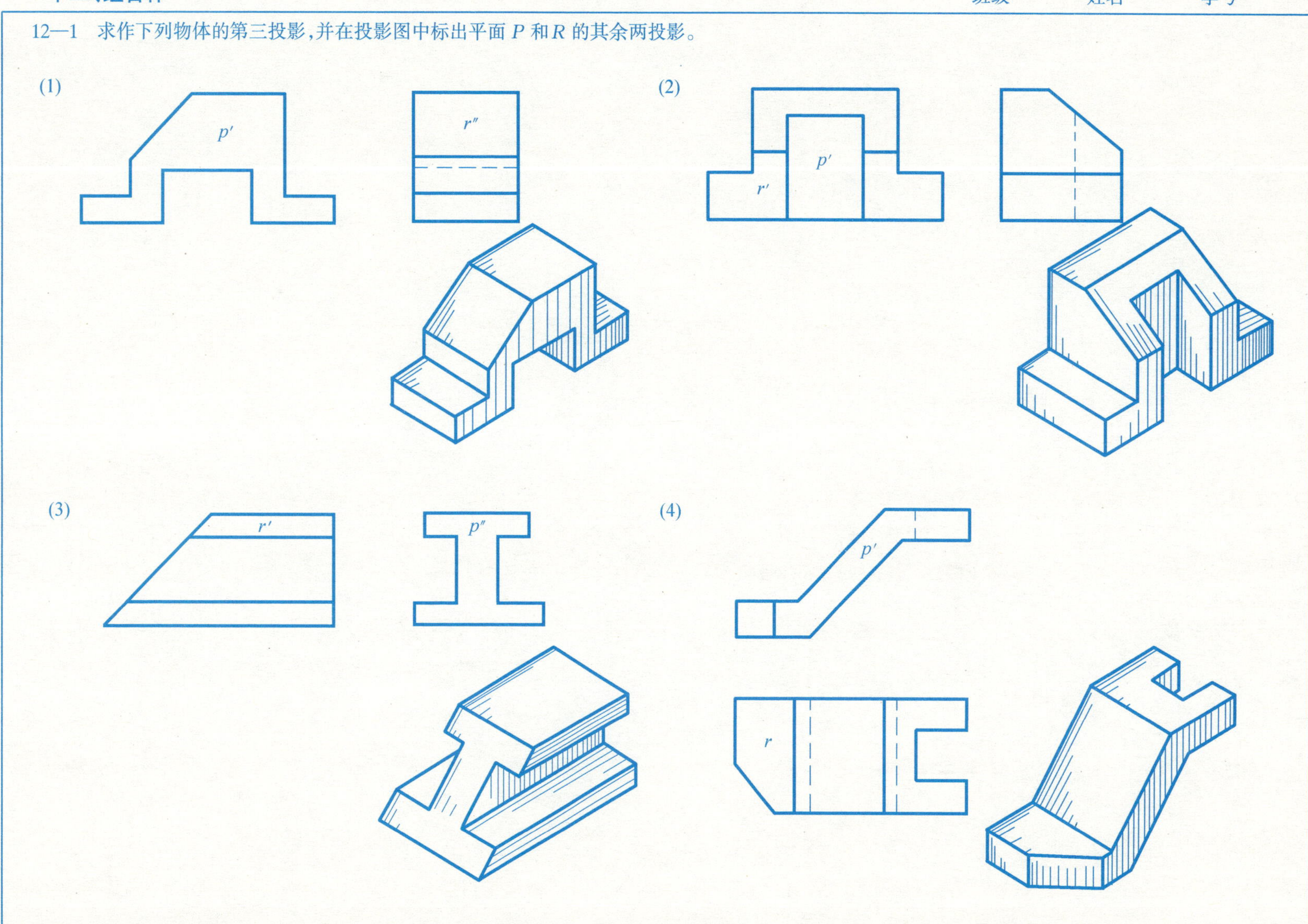

(5)
r′
p″
(6)
p′
r″
(7)
r′
p″
(8)
p′
r′

12—2　根据物体的轴测图绘出三面投影图(比例1:1)。

(1)

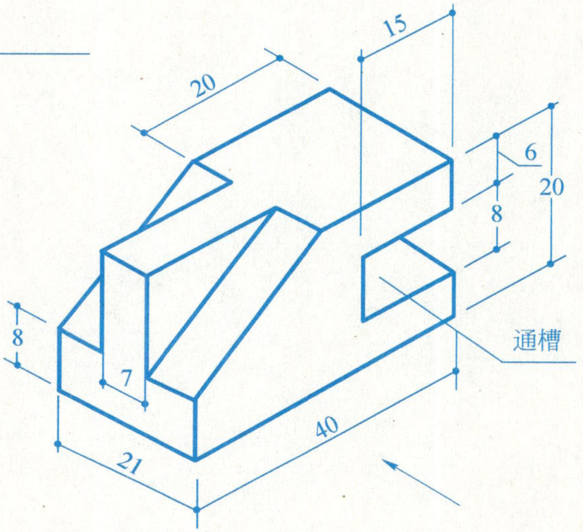

(2)

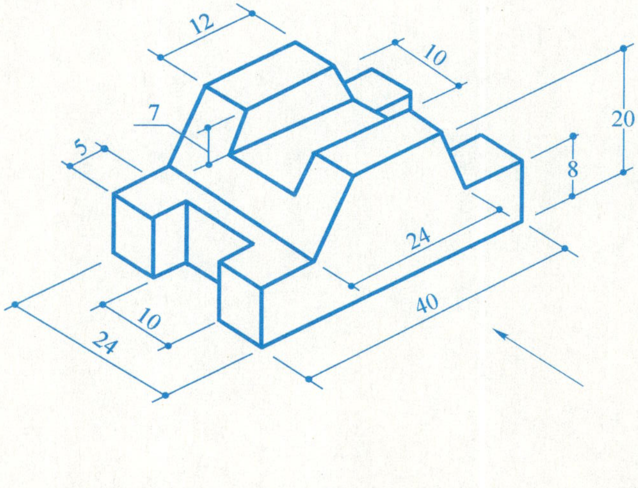

(3)

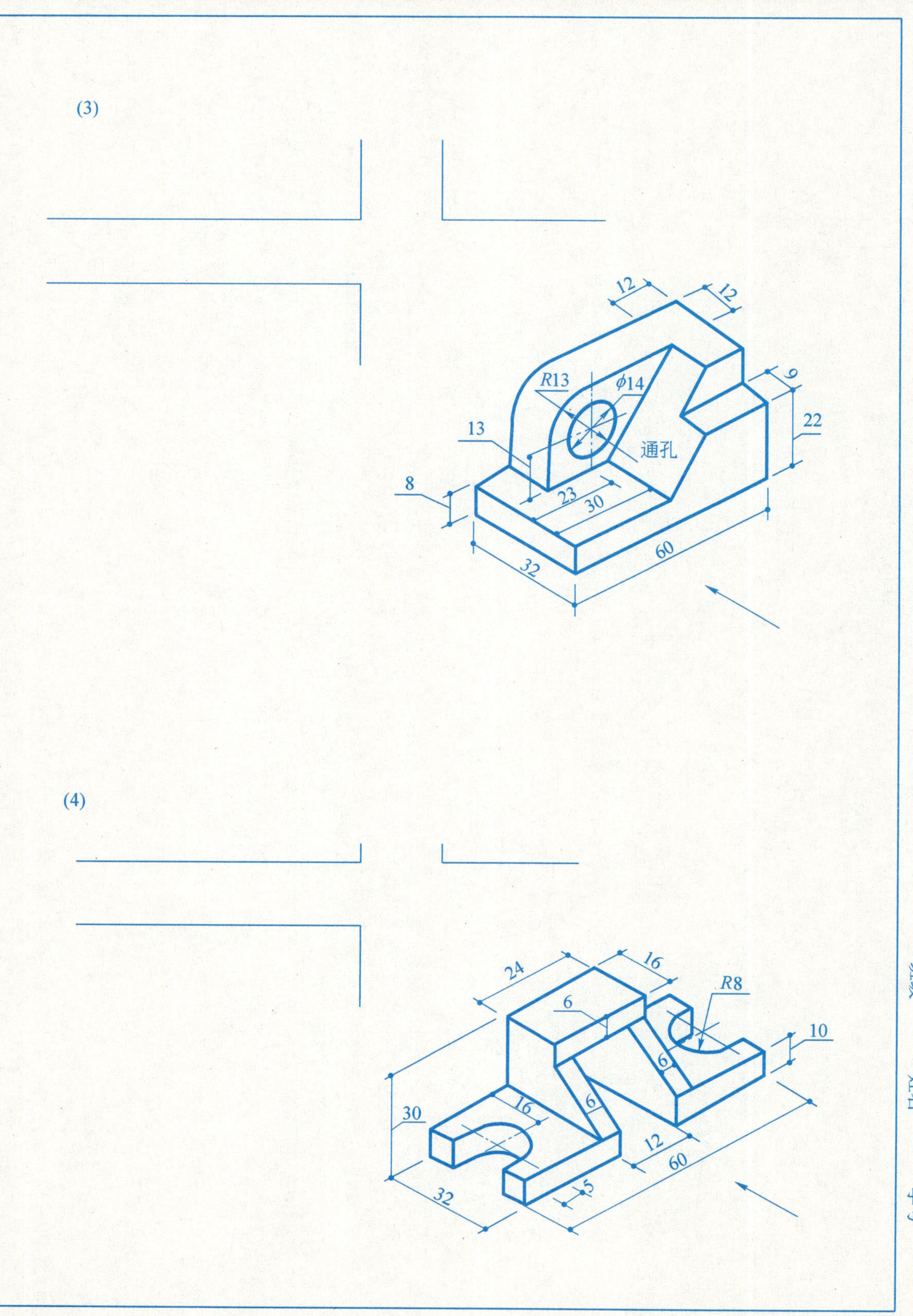

(4)

12—3　标注下列物体的尺寸(尺寸大小从图上量取,图的比例为 1:1,取整数)。

(1)

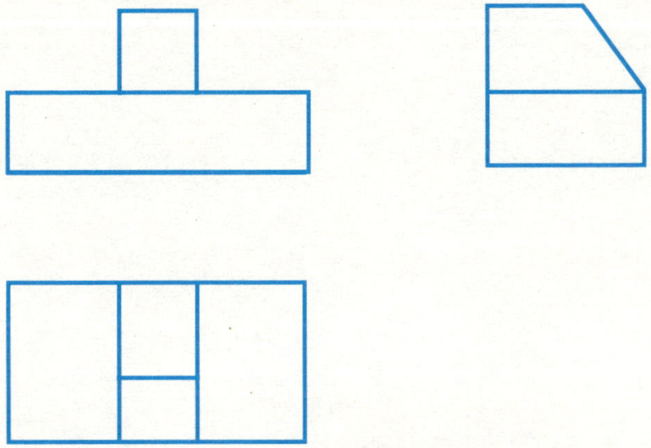

(2)

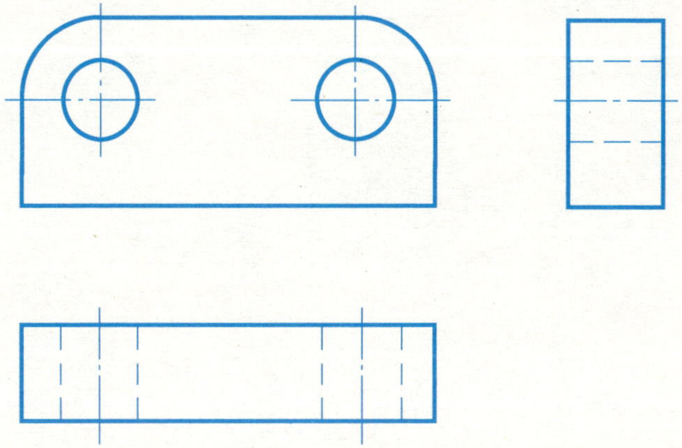

(3)

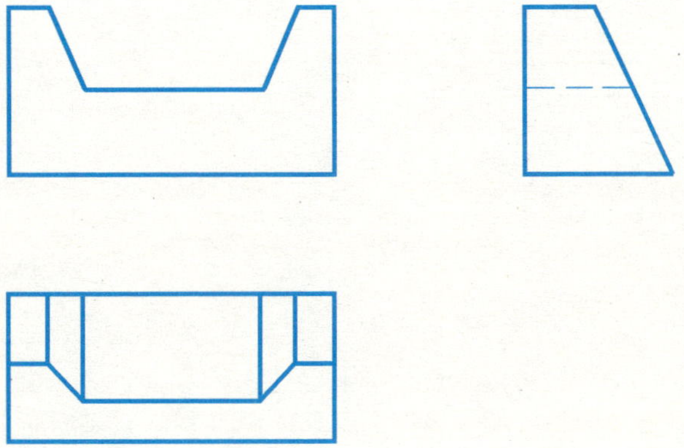

(4)

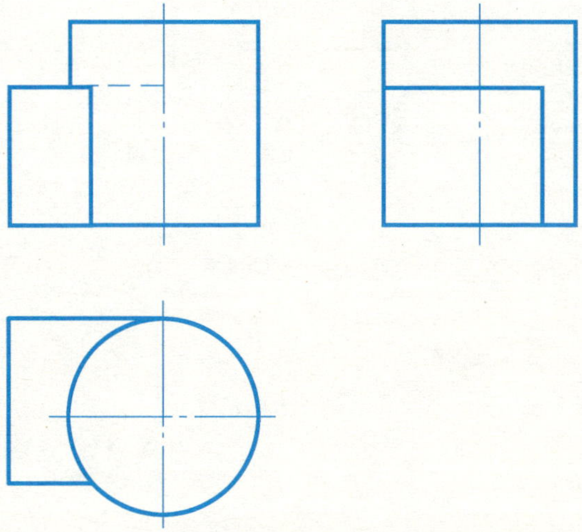

(5)

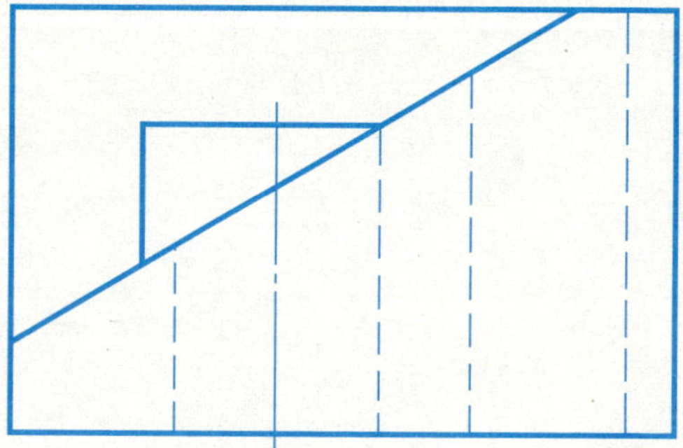

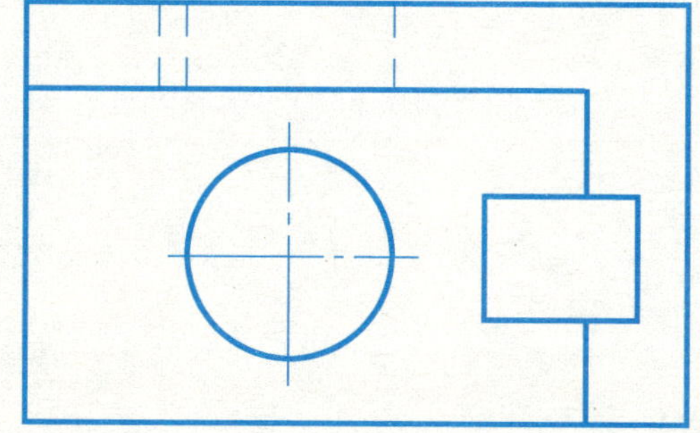

(6)

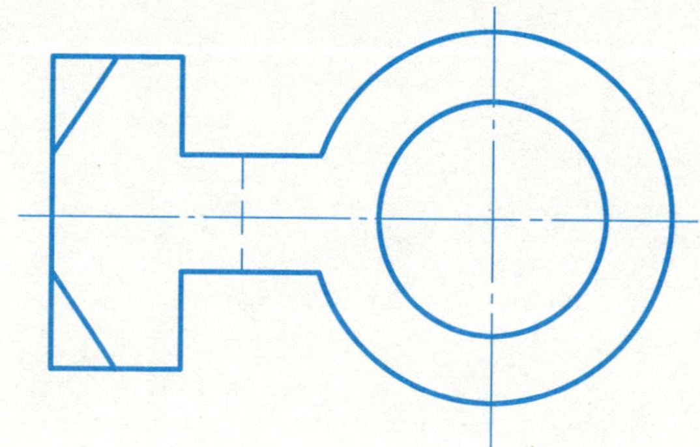

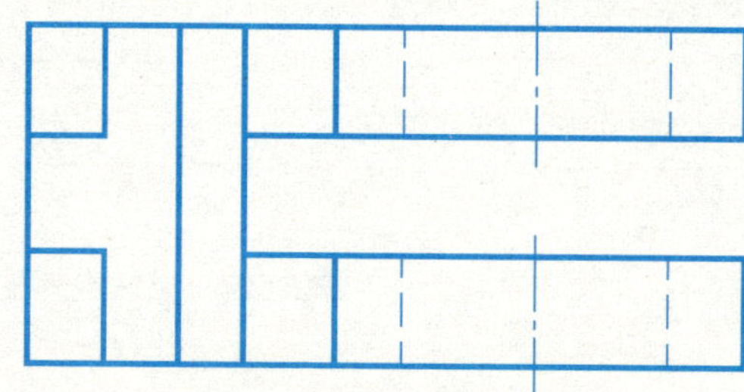

班级　　　　姓名　　　　学号

12—4　运用形体分析法，想象出物体的形状，然后画出在 H 面的投影。

(1)

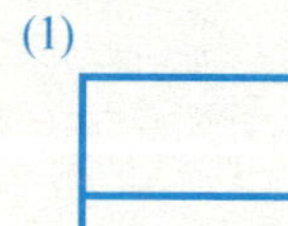

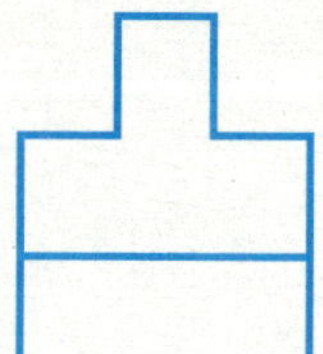

(2)

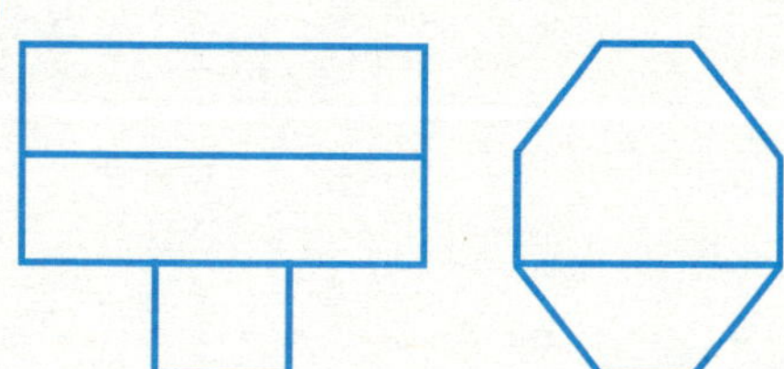

(3)

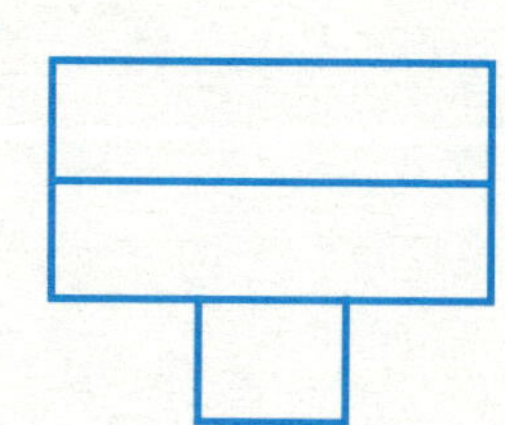

(4)

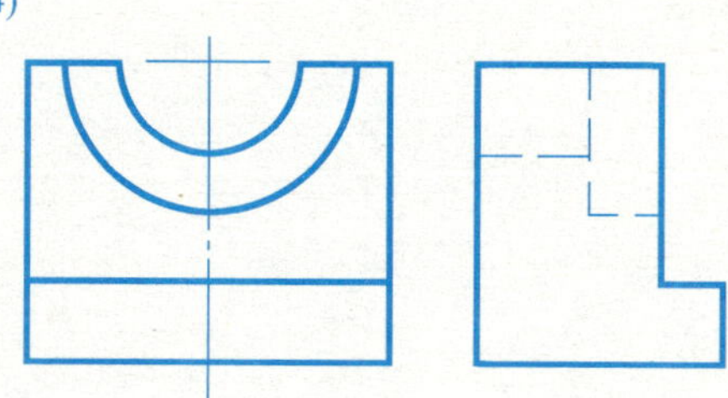

(5)

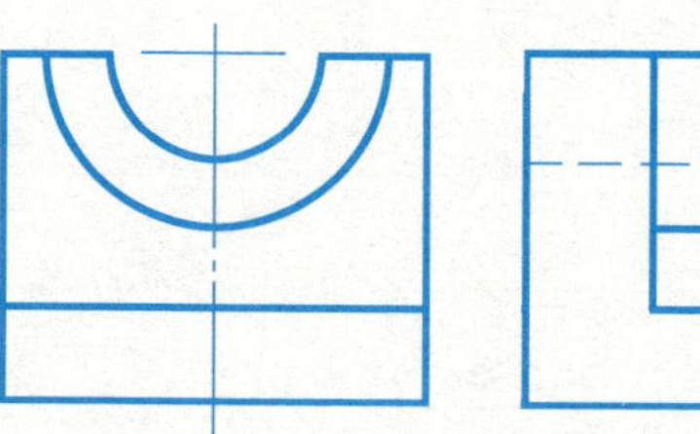

(6)

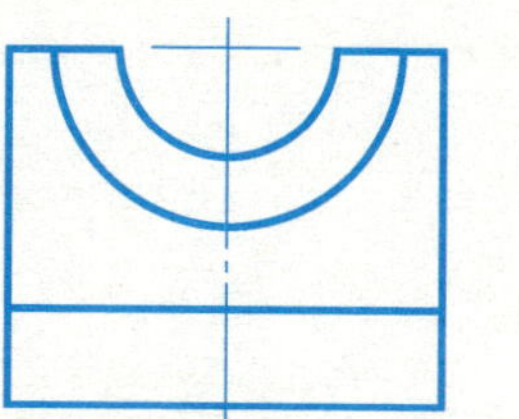

班级　　　　姓名　　　　学号

12—5　设计 6 个物体(画出在 V 面, W 面的投影),使其在 H 面的投影一致。

(1)

(2)

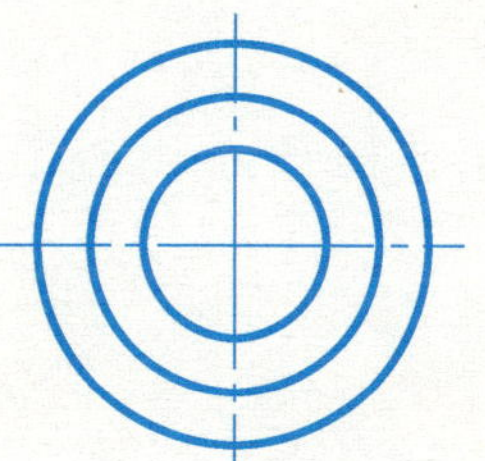

(3)

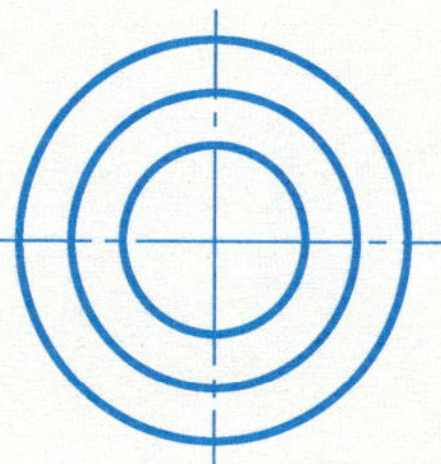

(4)

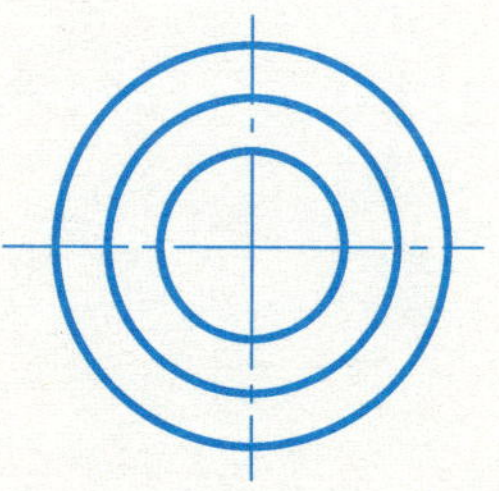

(5)

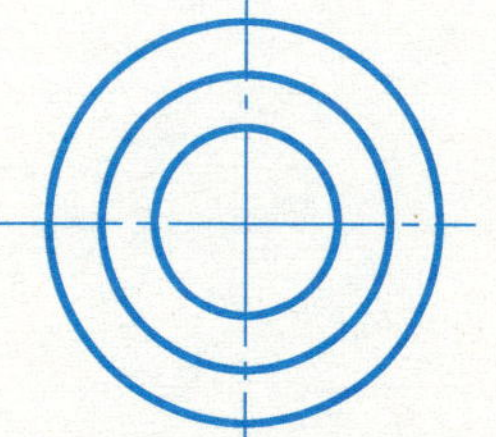

(6)

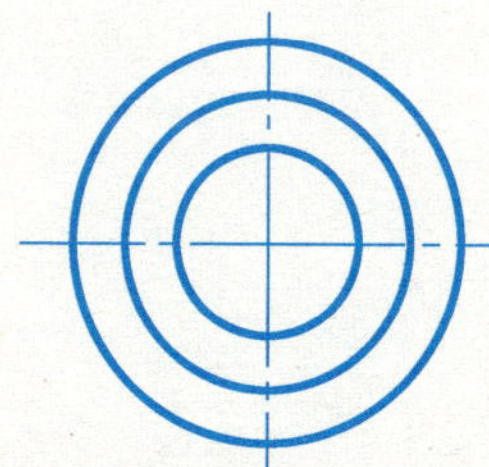

12—6　设计 6 个物体(画出在 W 面的投影),使其在 H 面和 V 面的投影一致。

(1)

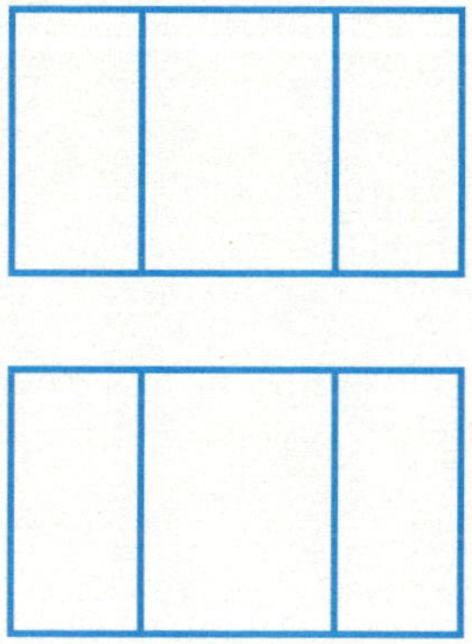

(2)

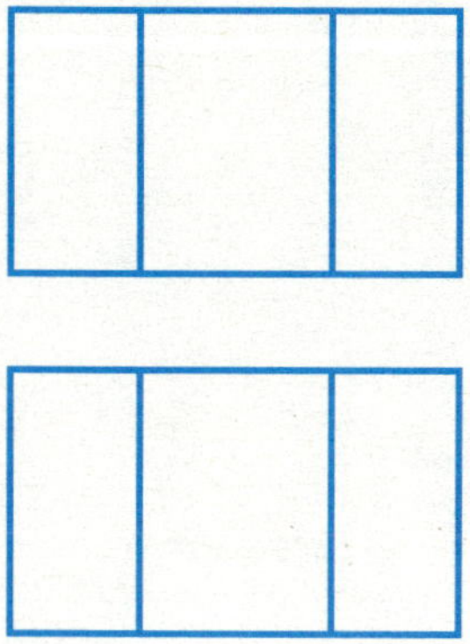

(3)

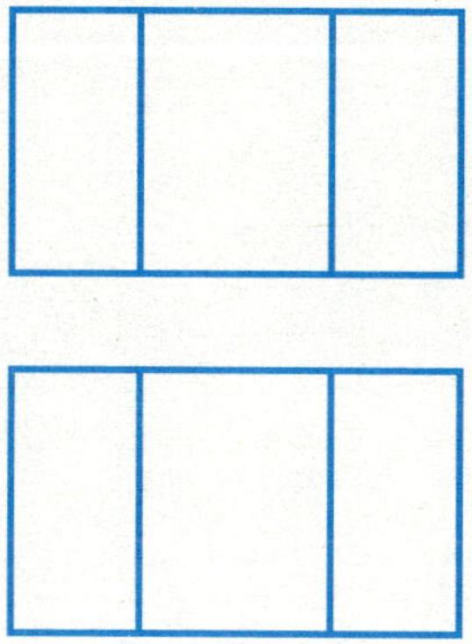

(4)

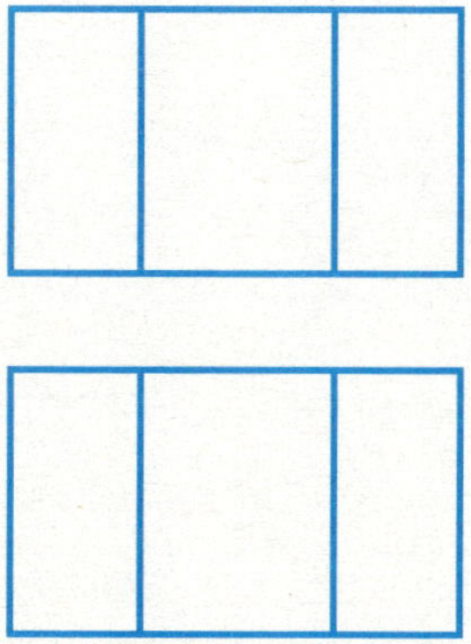

(5)

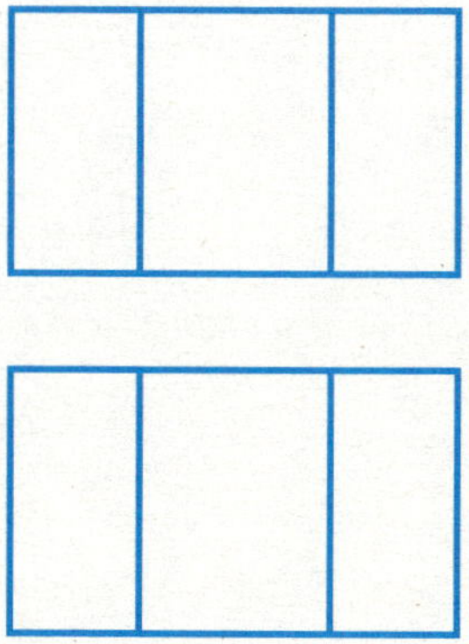

(6)

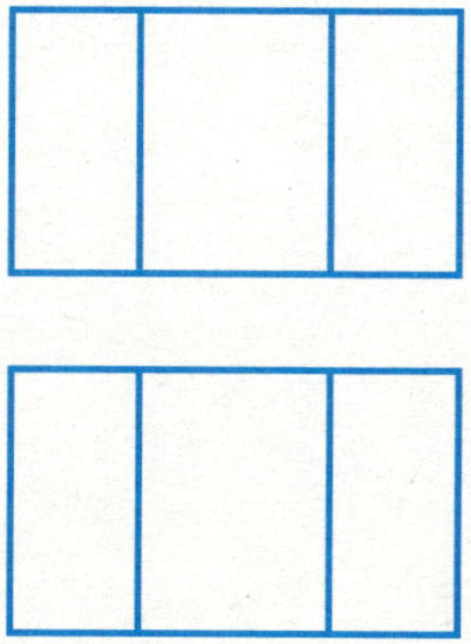

12—7　补绘各组合体投影图中所缺的图线(不可随意擦去所给图线或添加形体)。

(1)

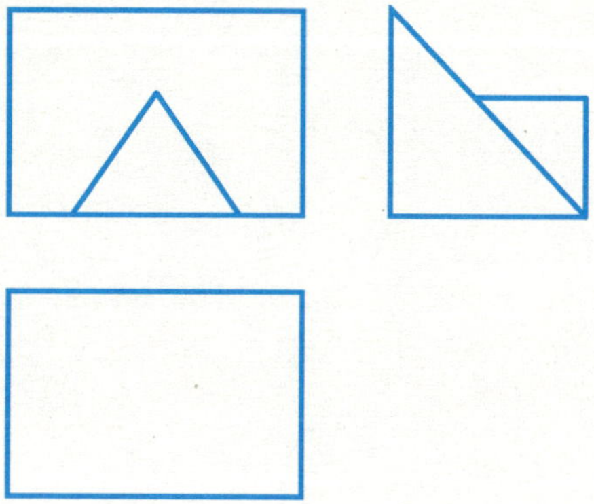

(2)

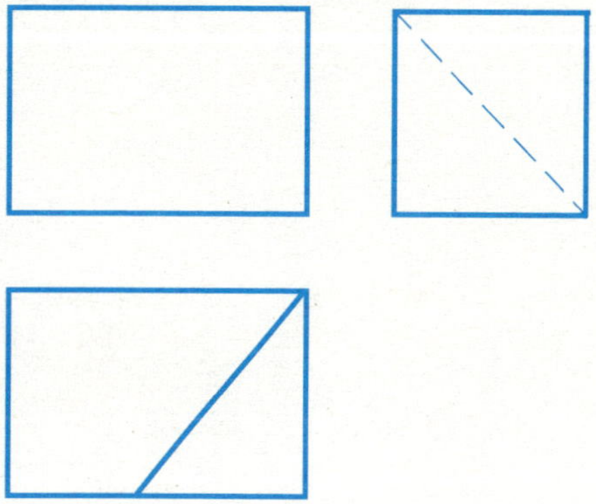

(3)

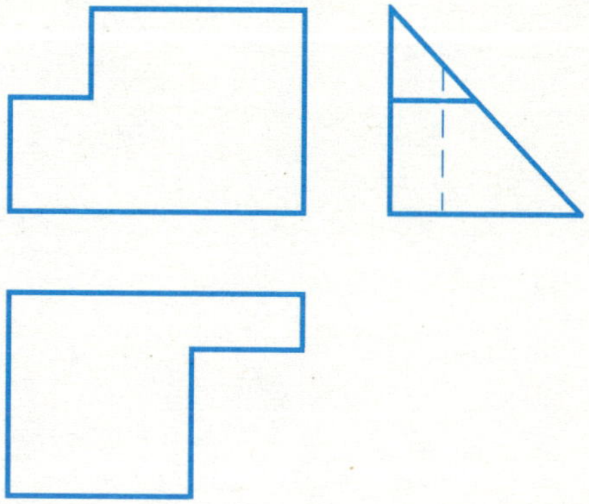

(4)

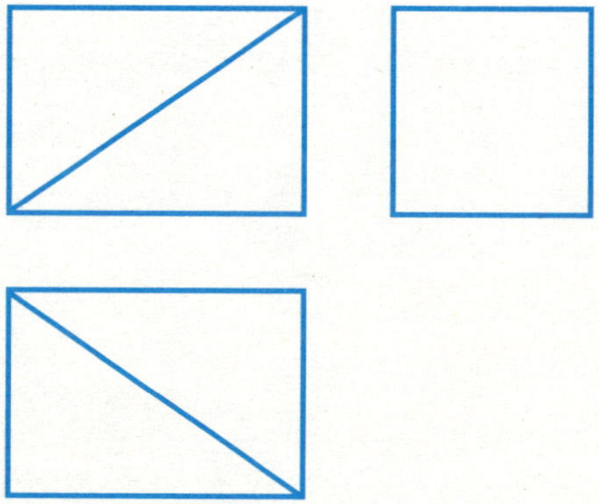

(5)

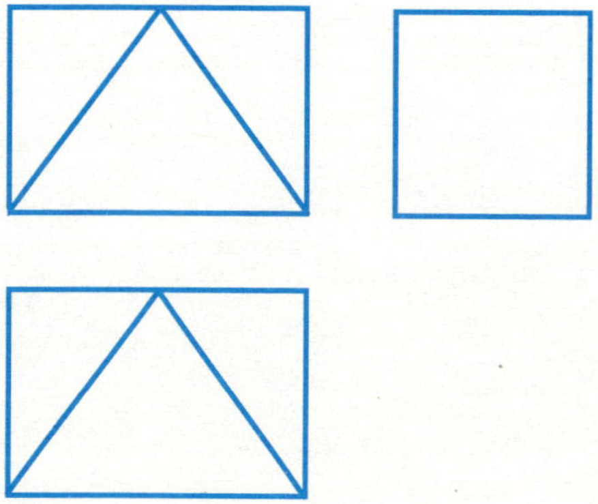

(6)

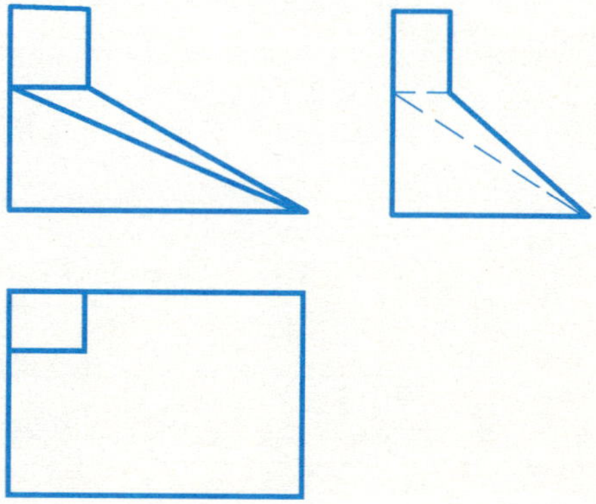

12—8　已知组合体的两面投影图，补绘第三投影。

(1)

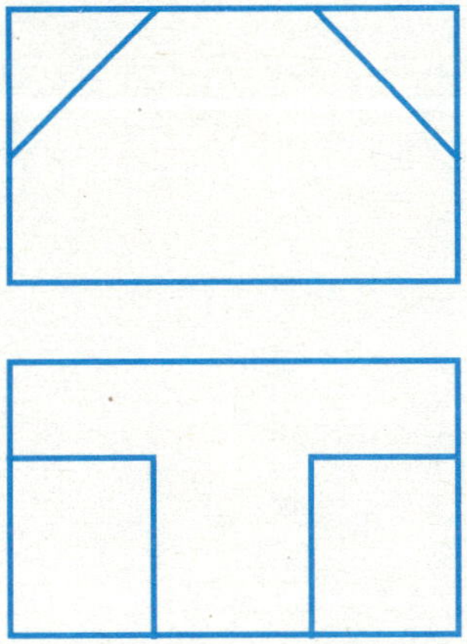

(2)

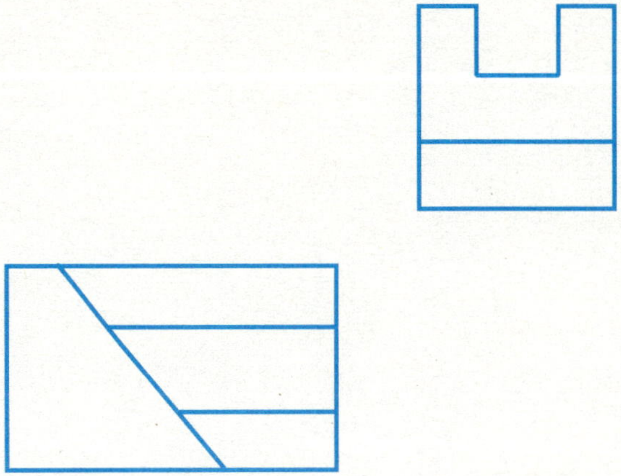

(3)

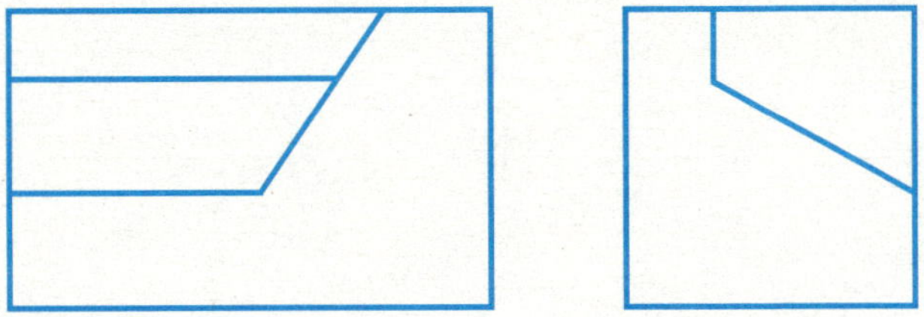

(4)

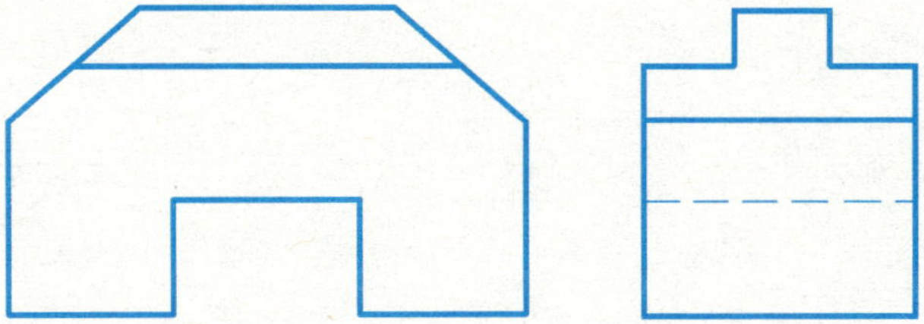

(5)
(6)
(7)
(8)

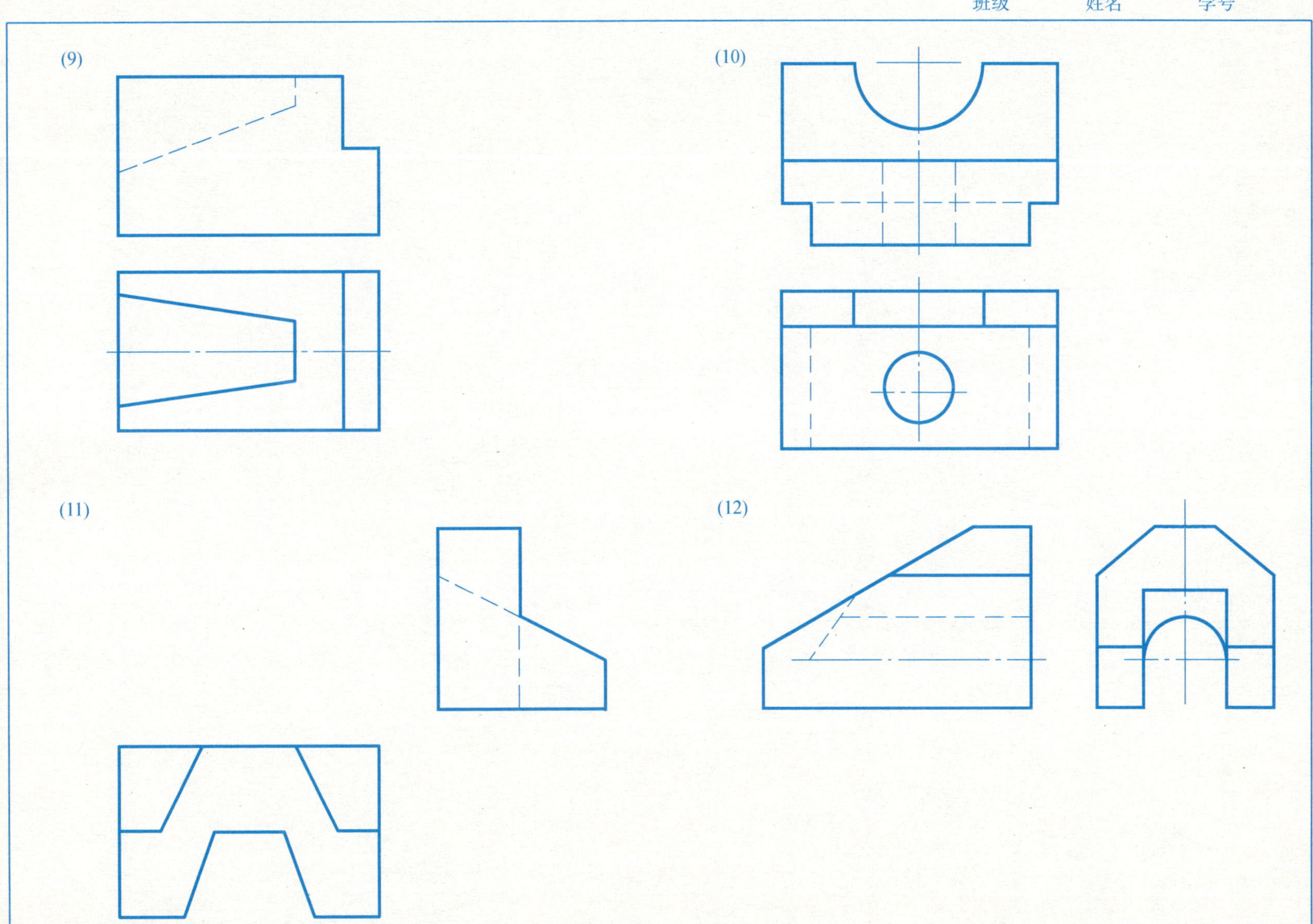
(9)
(10)
(11)
(12)

(13)
(14)

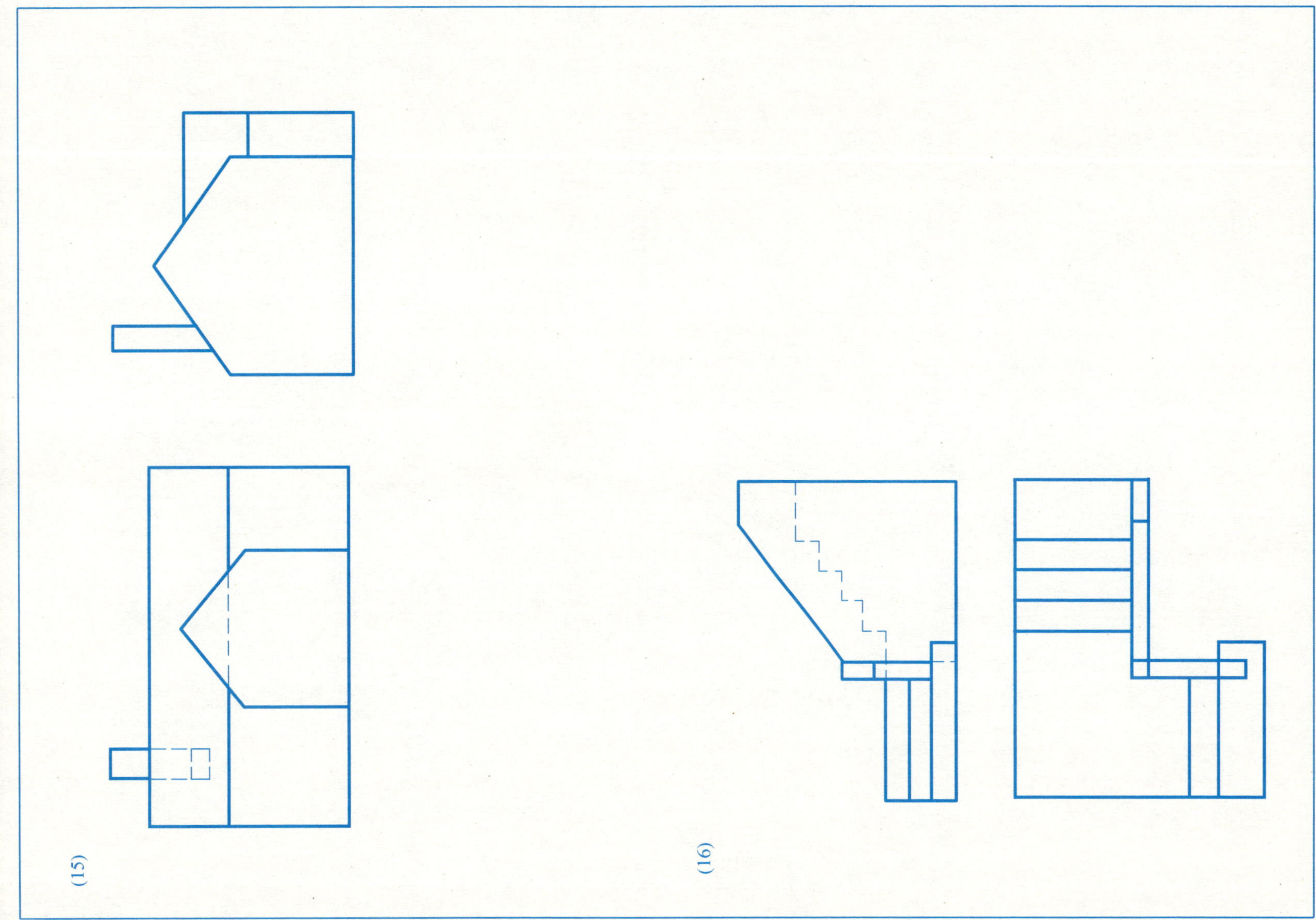
(15)
(16)

(17)
(18)

12—9 从(1)、(2)和(3)、(4)中各选一题,在A3幅面的图纸上分别画出它们的三面投影图和轴测图。比例和轴测图的类型自定。图名为“投影制图(一)”。

(1)

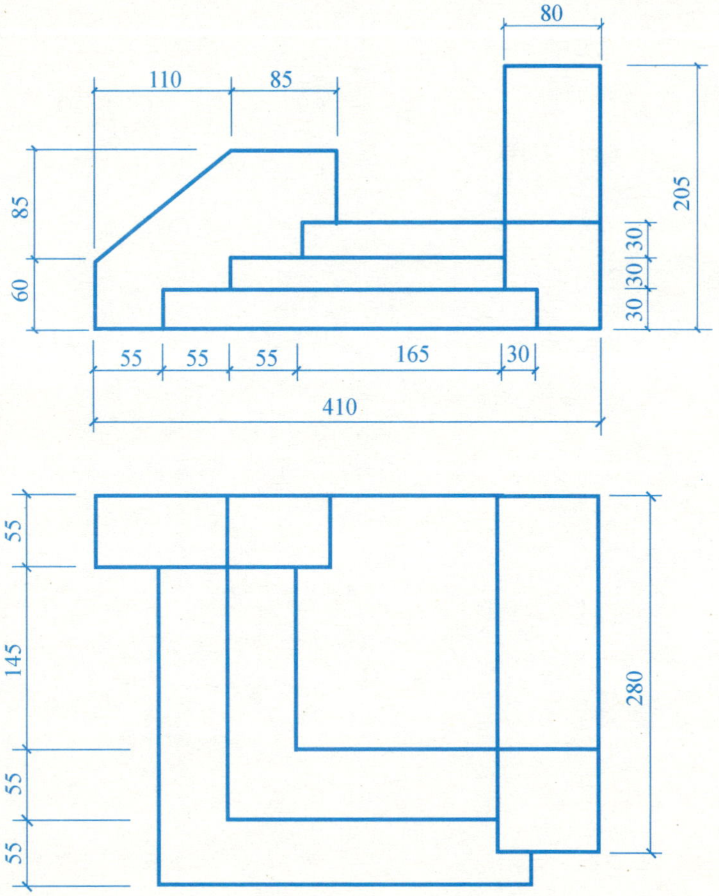

(2)

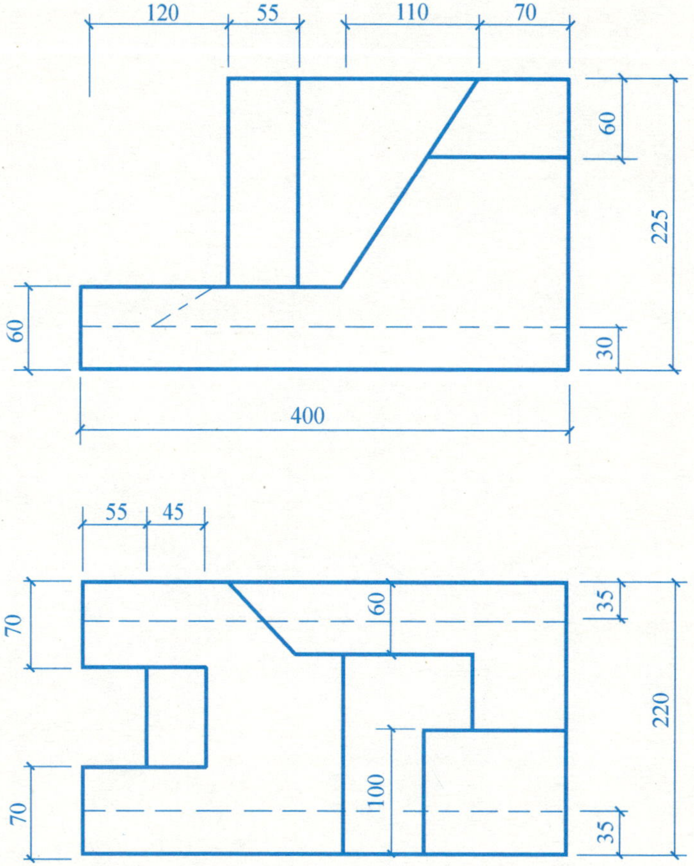

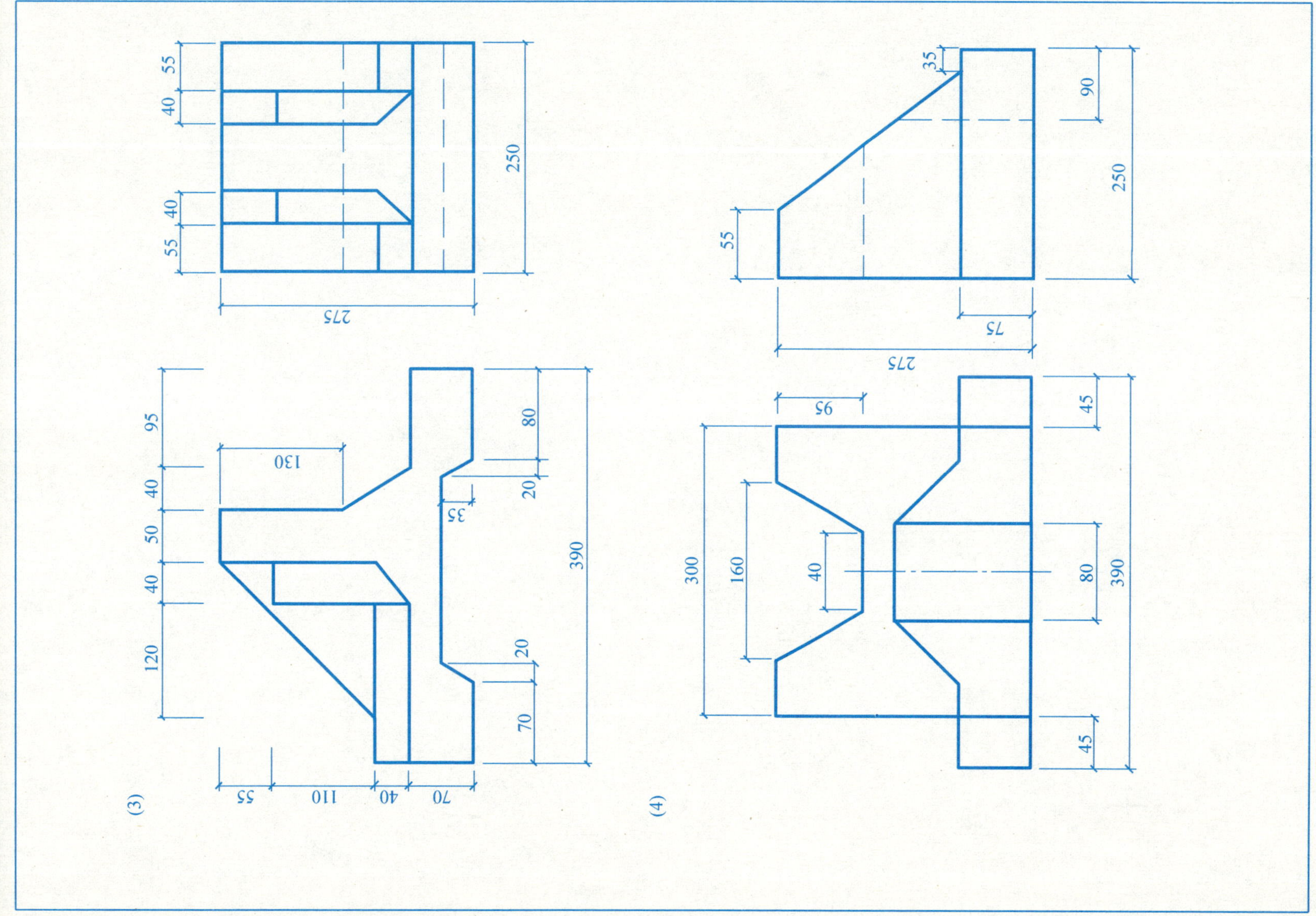
55
40
40
55
250
275
35
90
250
55
75
275
95
40
50
40
120
130
80
20
35
390
20
70
55
110
40
70
(3)
95
45
300
160
40
80
390
45
(4)

13—1　补全下列剖面图中所缺的线。

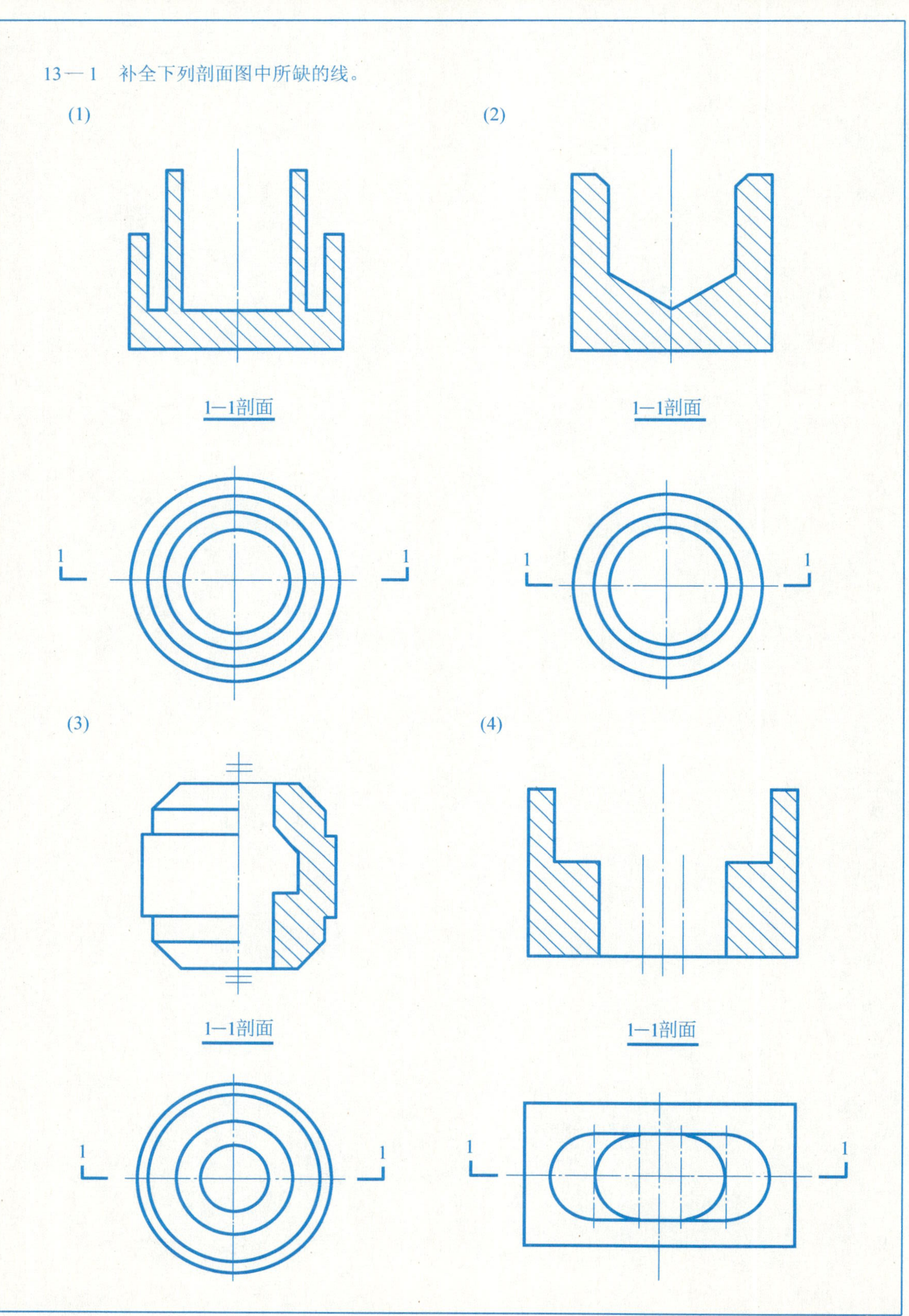

13—2　将正立面图画成 1—1 剖面图、左侧面图画成半剖面图。

13—3　根据给出的投影图,作出 1—1 剖面图。

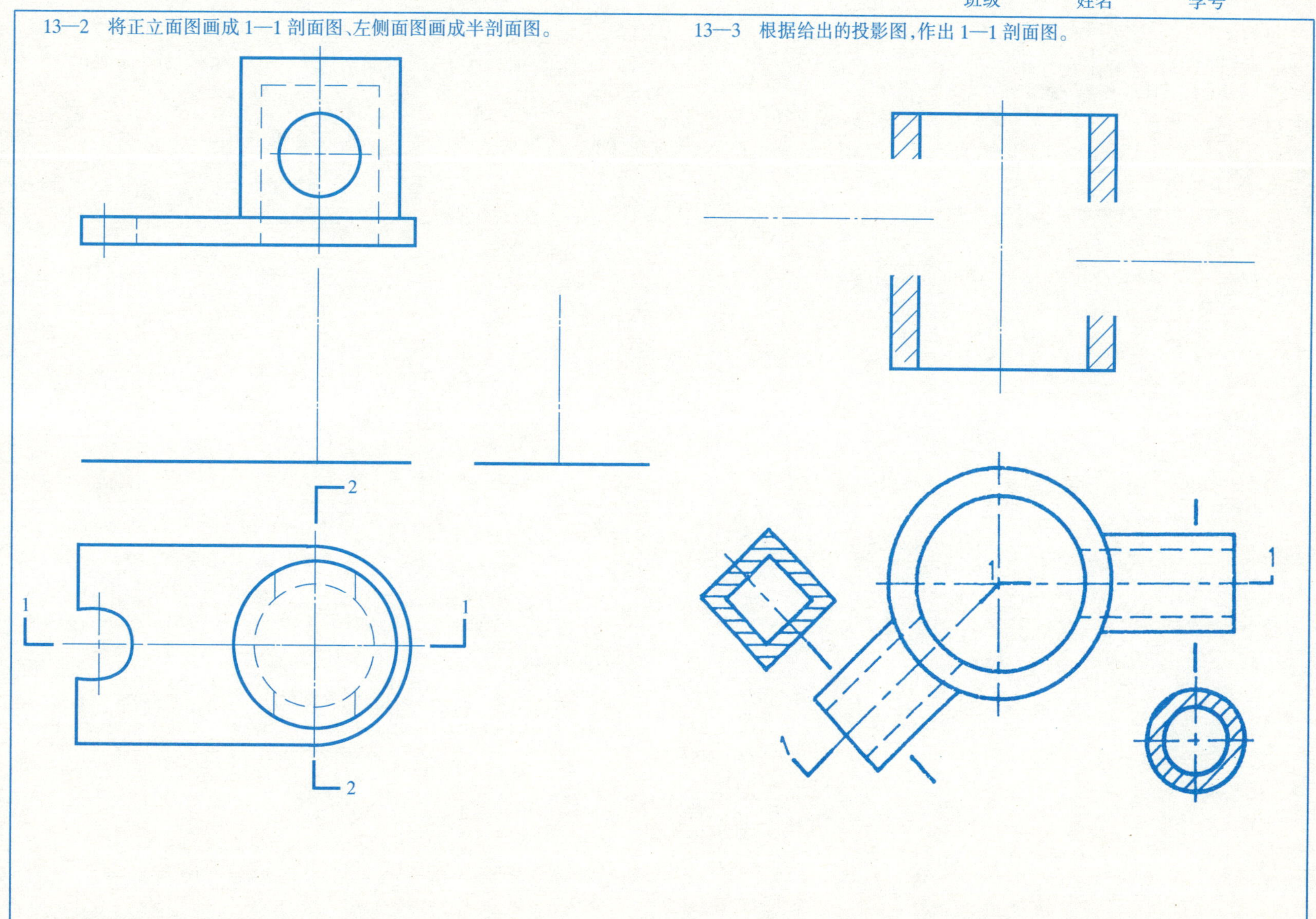

13—4　作出外墙的 2—2 剖面图(雨篷伸出墙面的宽度与台阶相同,窗眉与窗台同宽)。

13—5　作出 1—1、2—2 剖面图(不易改的线可画×)。

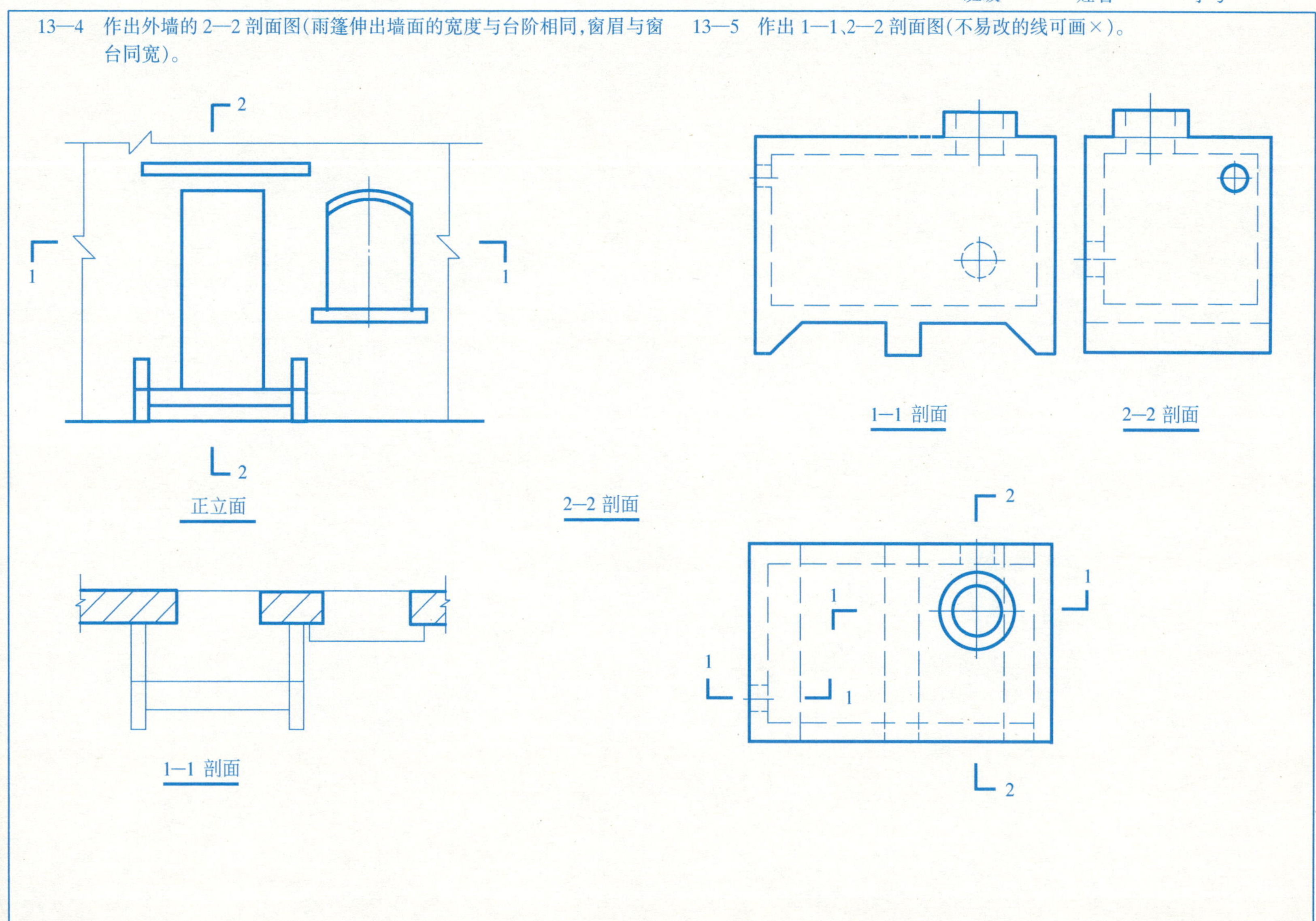

13—6　将正立面图、平面图改为剖面图，并作出 3—3 剖面图（不易改的线可画×）。

13—7　作 1—1、2—2 剖面图。

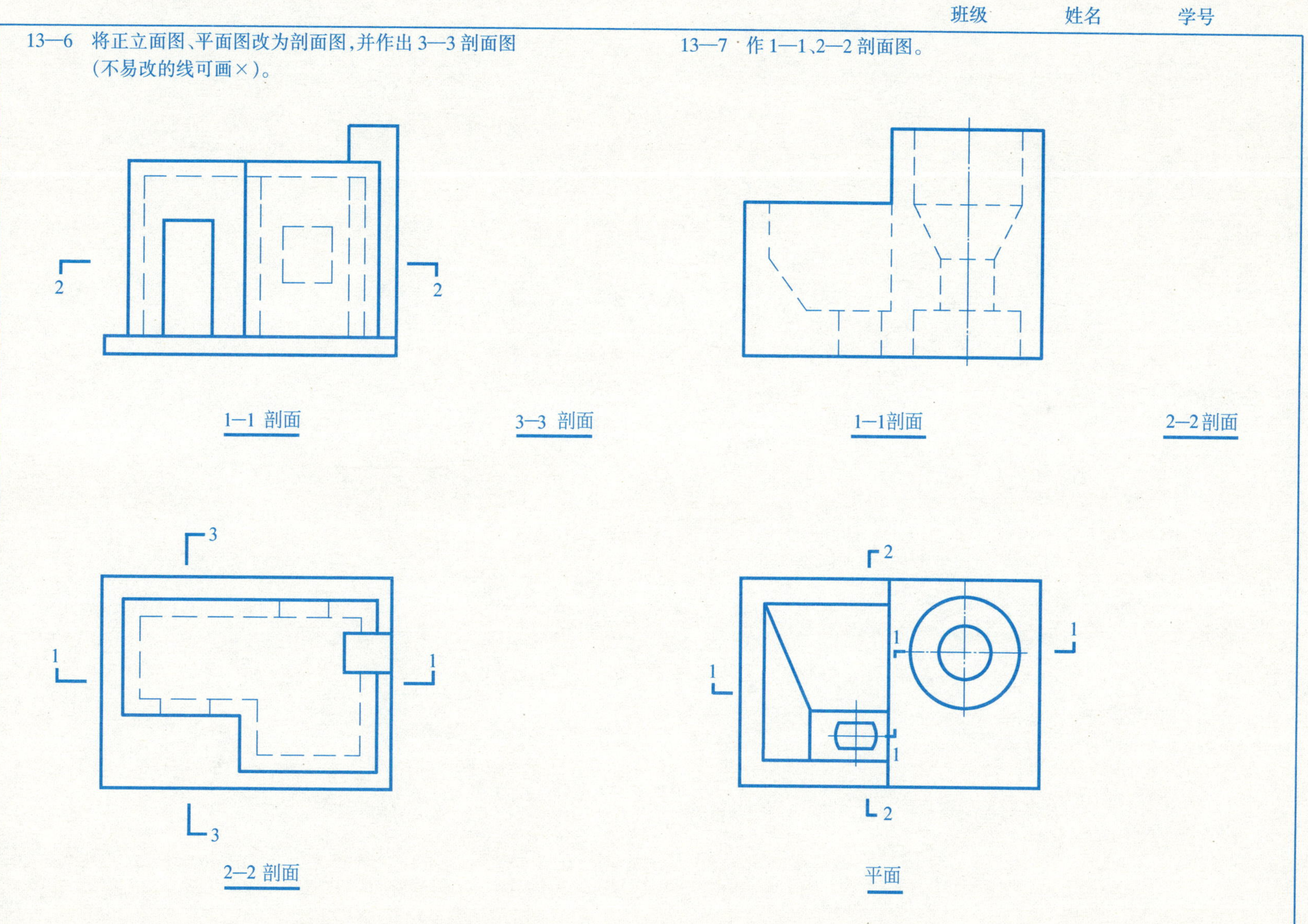

班级　　姓名　　学号

13—8　画出柱的1—1剖面图和2—2断面图。

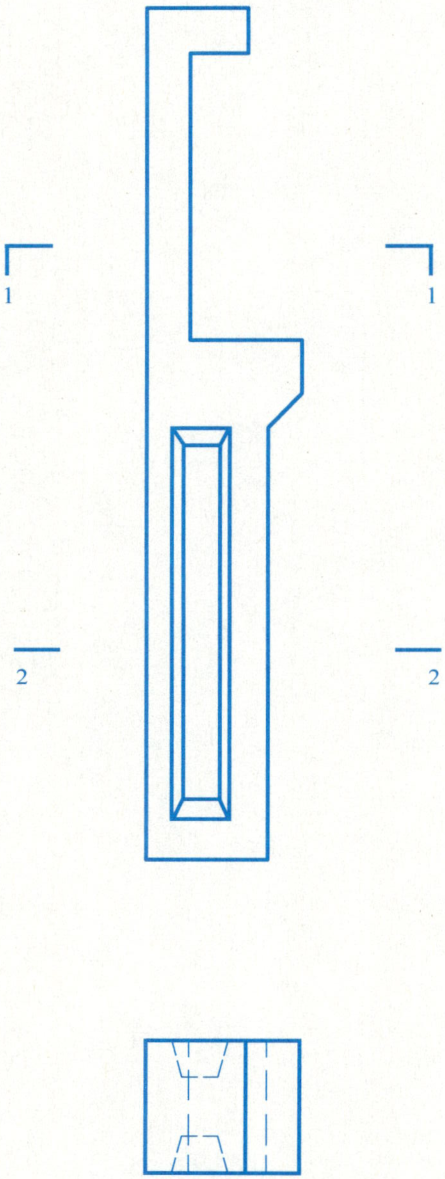

1　1

2　2

1—1 剖面

2—2 断面

13—9　画出下列梁所指定的剖面图和断面图。

(1)

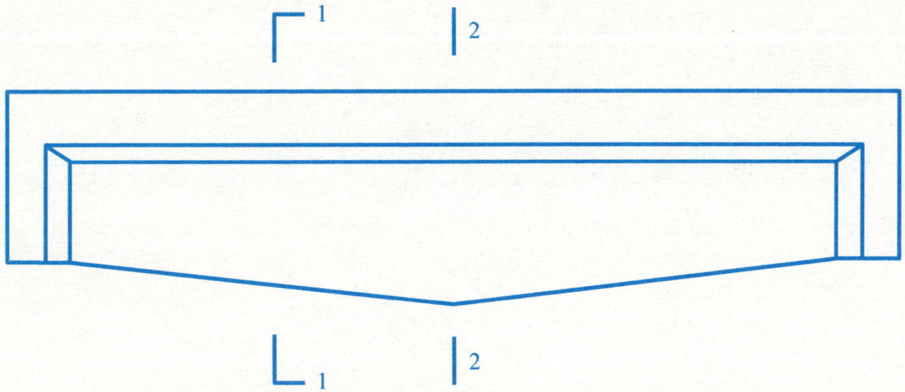

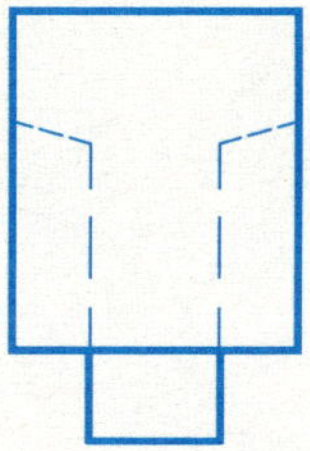

1—1 剖面

2—2 断面

(2)

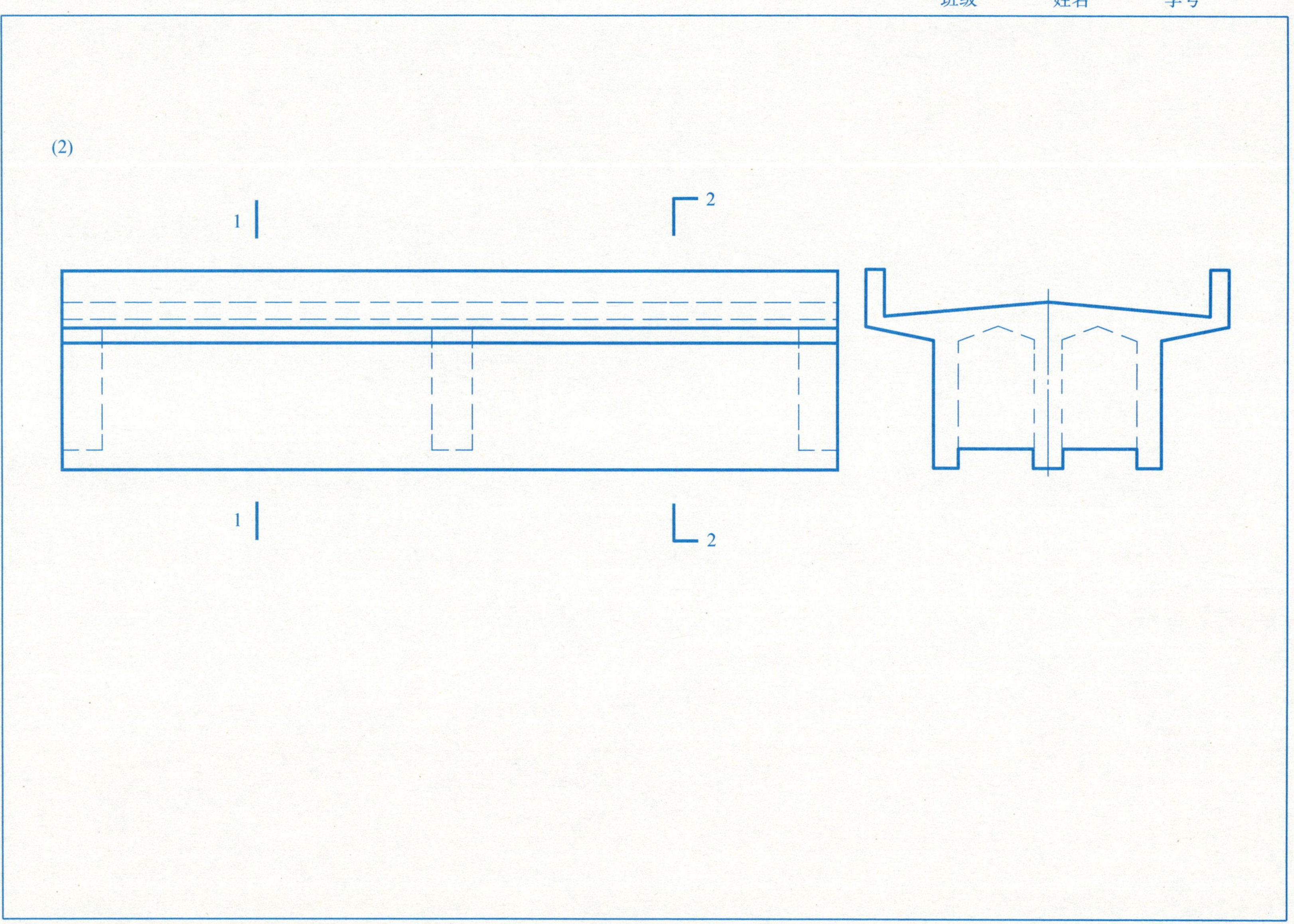

13—10 在给定的(1)、(2)和(3)、(4)题中各选一题,根据给出的二投影、画出三面投影图,并标注尺寸。将 A3 幅面的图纸分为两栏,每题占一栏,比例和材料自定。图名为“投影制图(二)”。

(1)

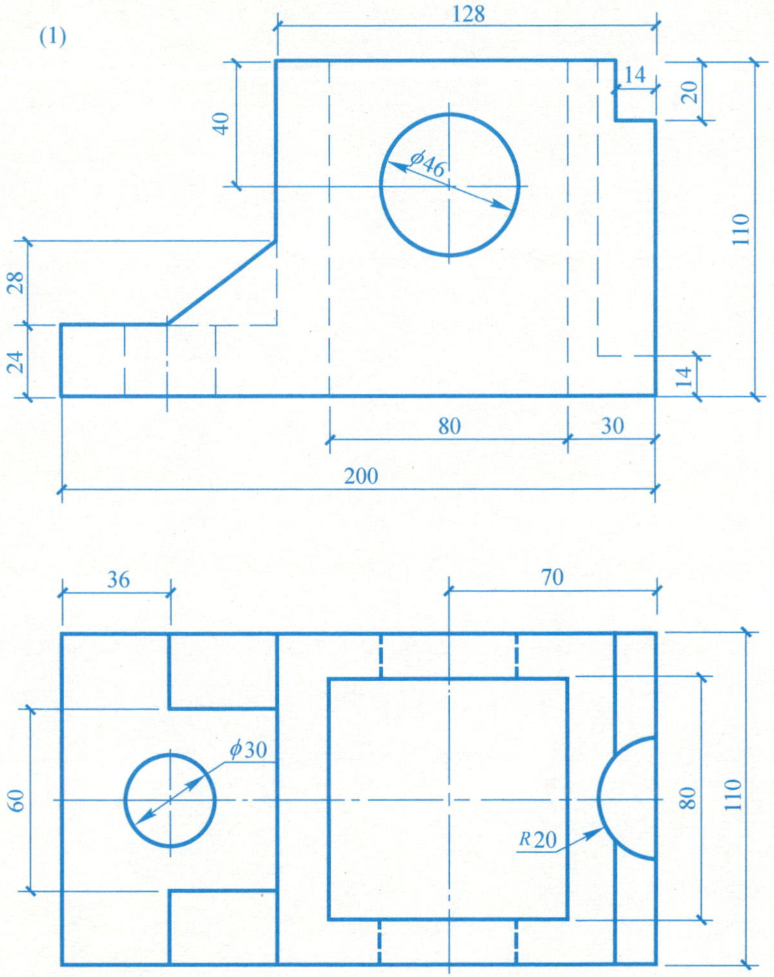

(2)

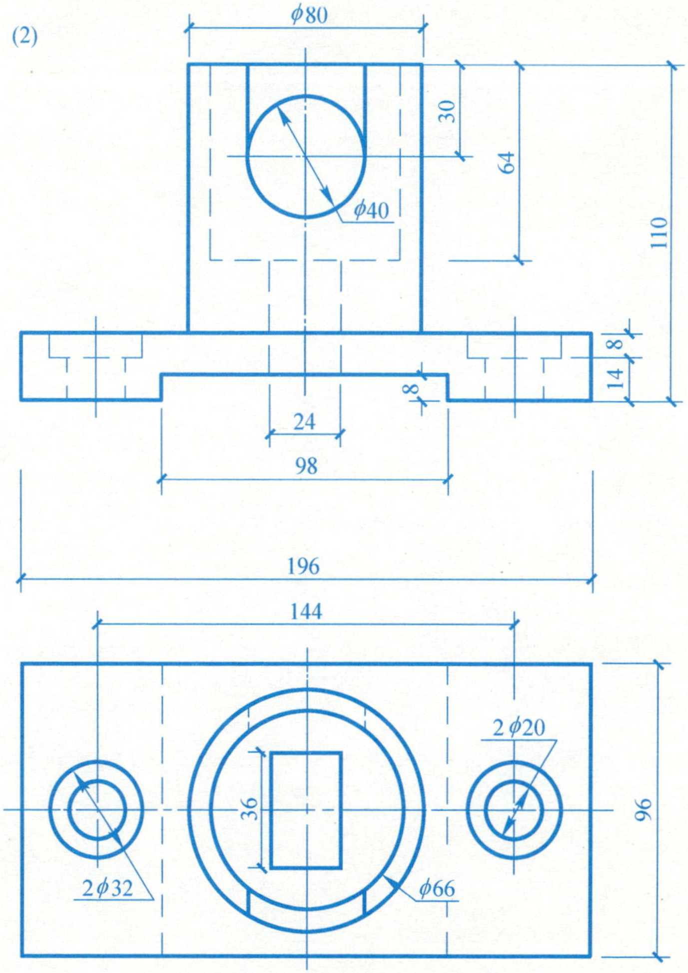

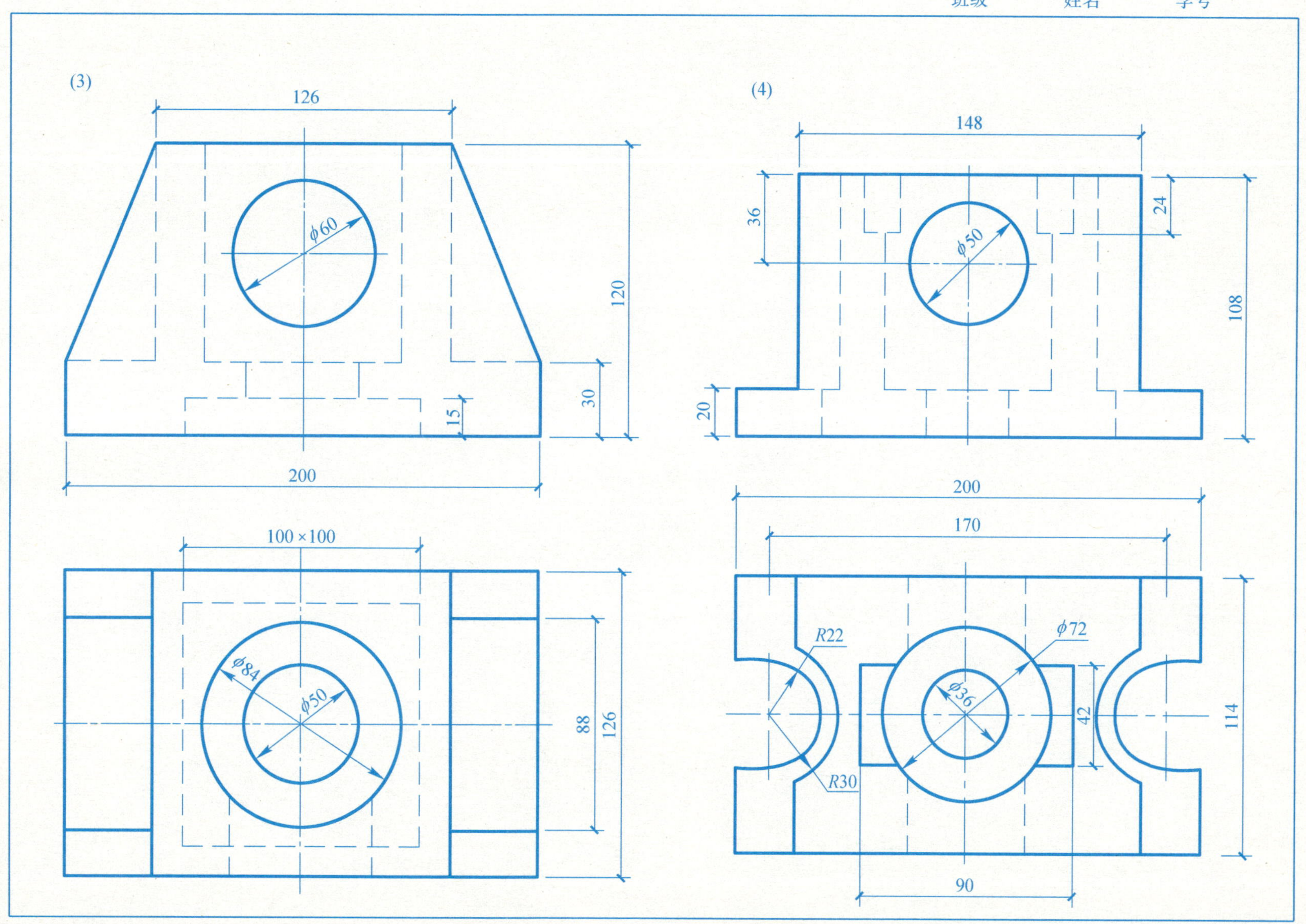
(3)
126
ϕ60
120
30
15
200
100×100
ϕ84
ϕ50
88
126
(4)
148
36
24
ϕ50
108
20
200
170
R22
ϕ72
ϕ36
42
114
R30
90

13—11　在给定的(1)、(2)和(3)、(4)题中各选一题，根据给出的二投影、画出适当剖切的三面投影图(标注尺寸)和轴测剖切图。将 A3 幅面的图纸分为两栏，每题占一栏。材料图例和比例自定。图名为“投影制图(三)”。

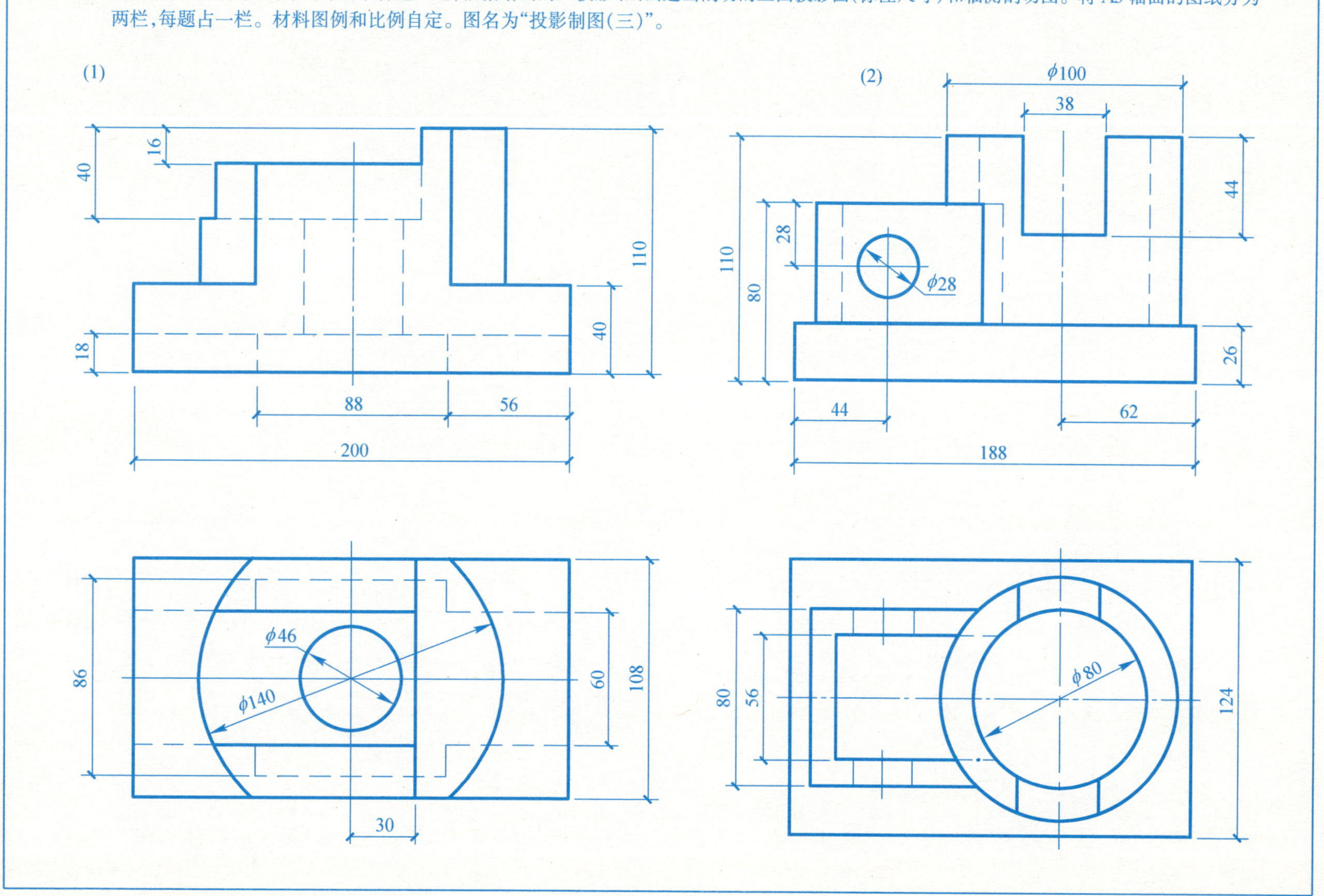

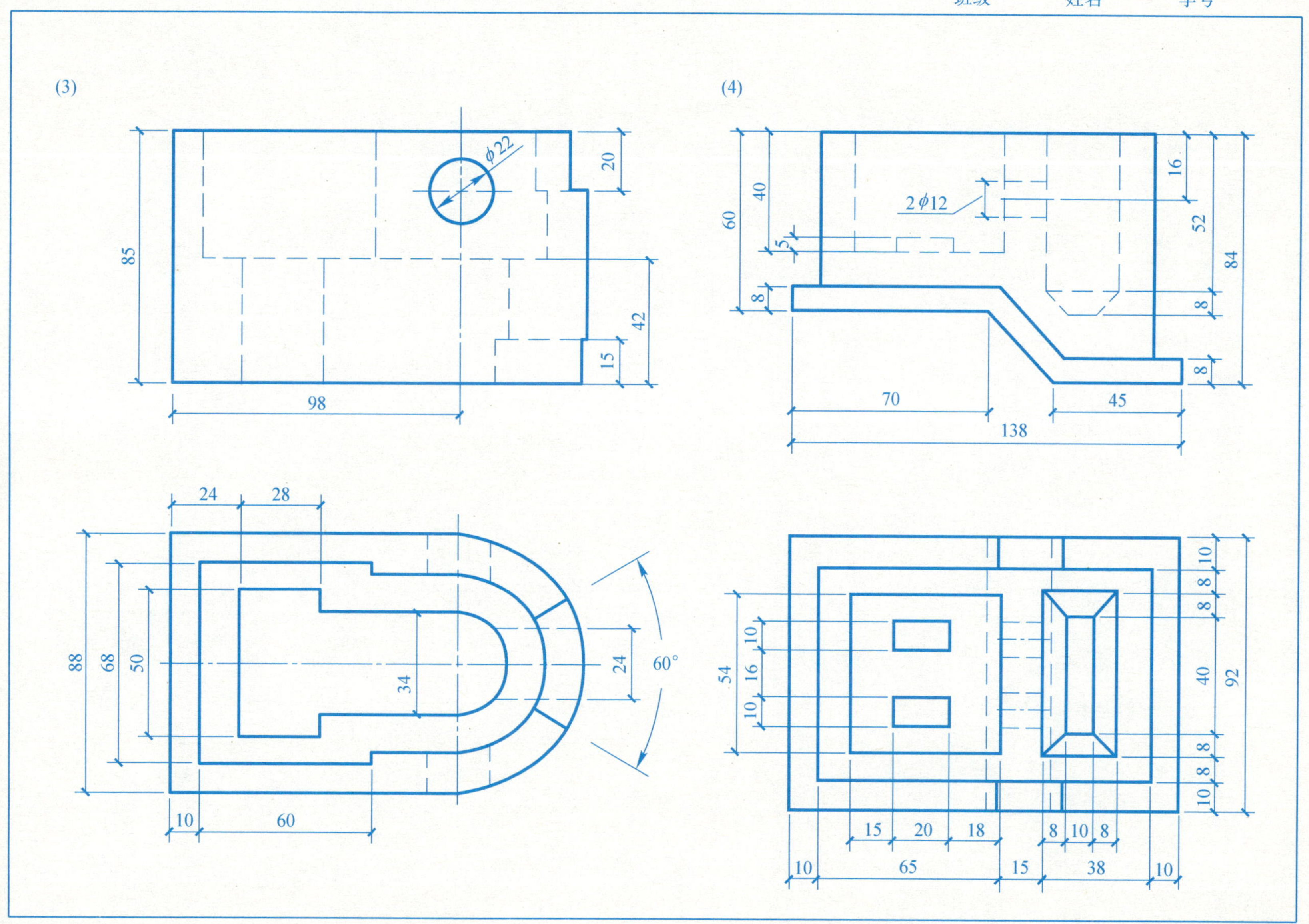
(3)
φ22
20
85
42
15
98
24
28
88
68
50
34
24
60°
10
60
(4)
60
40
2φ12
5
8
16
52
84
8
8
70
45
138
10
8
8
8
54
10
16
10
40
92
8
8
10
15
20
18
8
10
8
10
65
15
38
10

14—1 用A3图幅竖放，绘出预制钢筋混凝土柱的钢筋布置图，并填写钢筋表，比例自选。

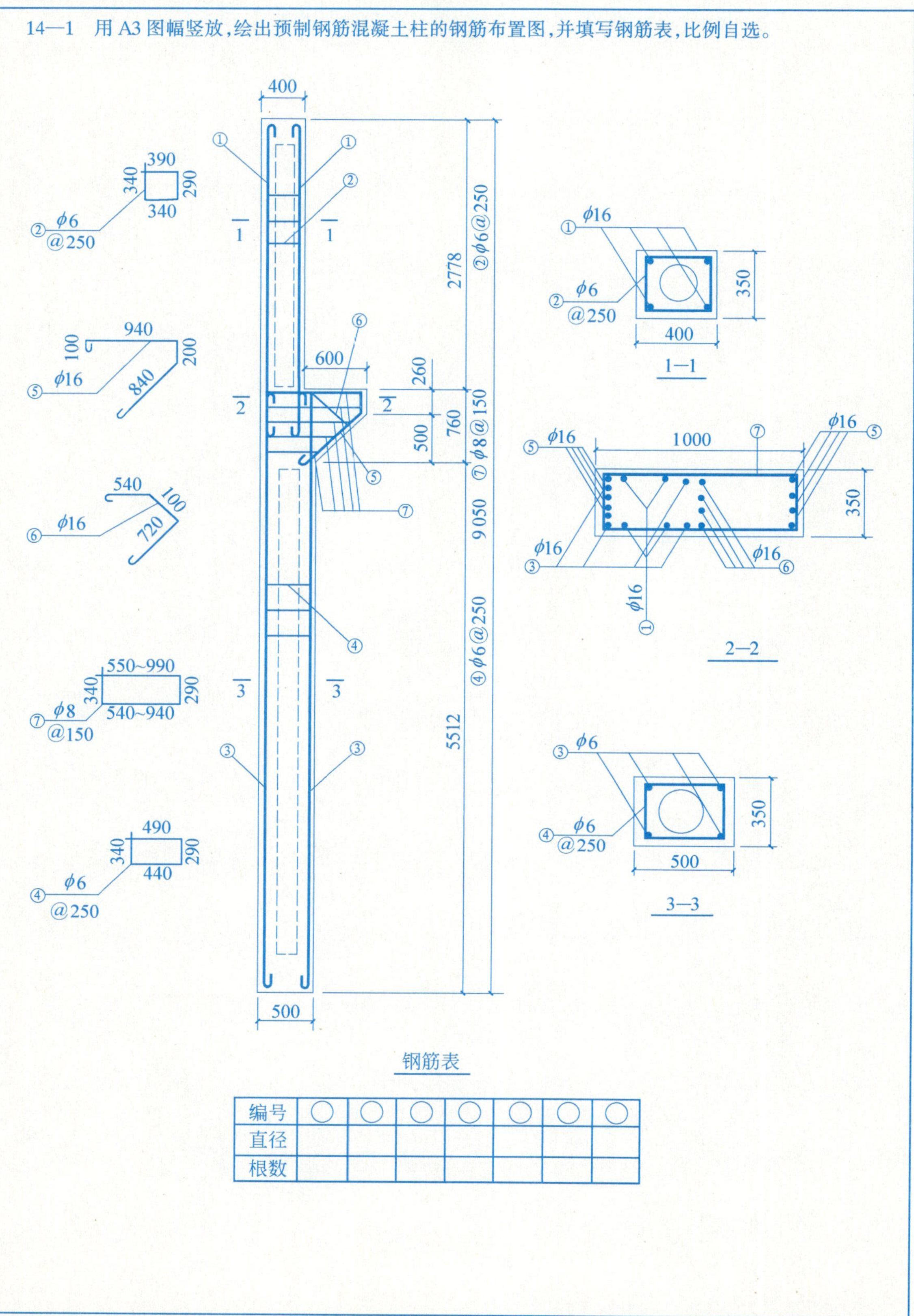

钢筋表

编号	○	○	○	○	○	○	○
直径							
根数							

14—2　阅读悬臂梁的配筋图，并在钢筋表中填写各号钢筋的数量。

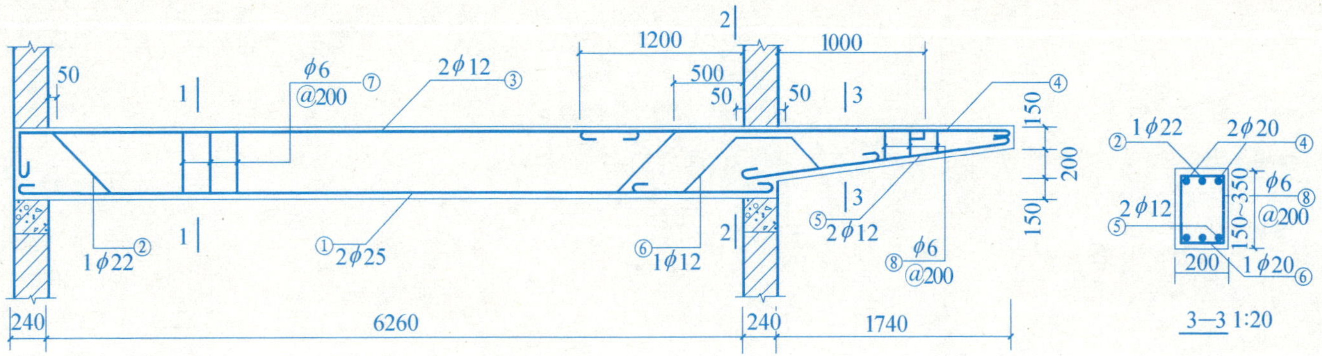

1φ22 ②　2φ20 ④　φ6 ⑧ @200　2φ12 ⑤　150~350　200　1φ20 ⑥

3—3 1:20

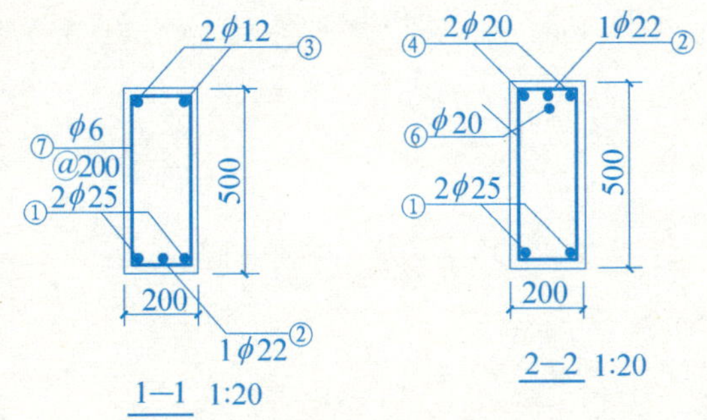

1—1　1:20

2—2　1:20

钢筋表

编号	简　图	规格	数量	编号	简　图	规格	数量
①	6690	φ25		⑤	1960	φ12	
②	175 265 635 635 1740 4810	φ22		⑥	566 340 340 400 200	φ20	
③	175 5425	φ12		⑦	462 162	φ6	33
④	3155	φ20		⑧	172~342 162	φ6	9

悬臂梁配筋图1:40

14—3　在 A3 幅面的图纸上画出钢筋混凝土梁梗的钢筋布置图，并填写钢筋表。图的比例自行选定。

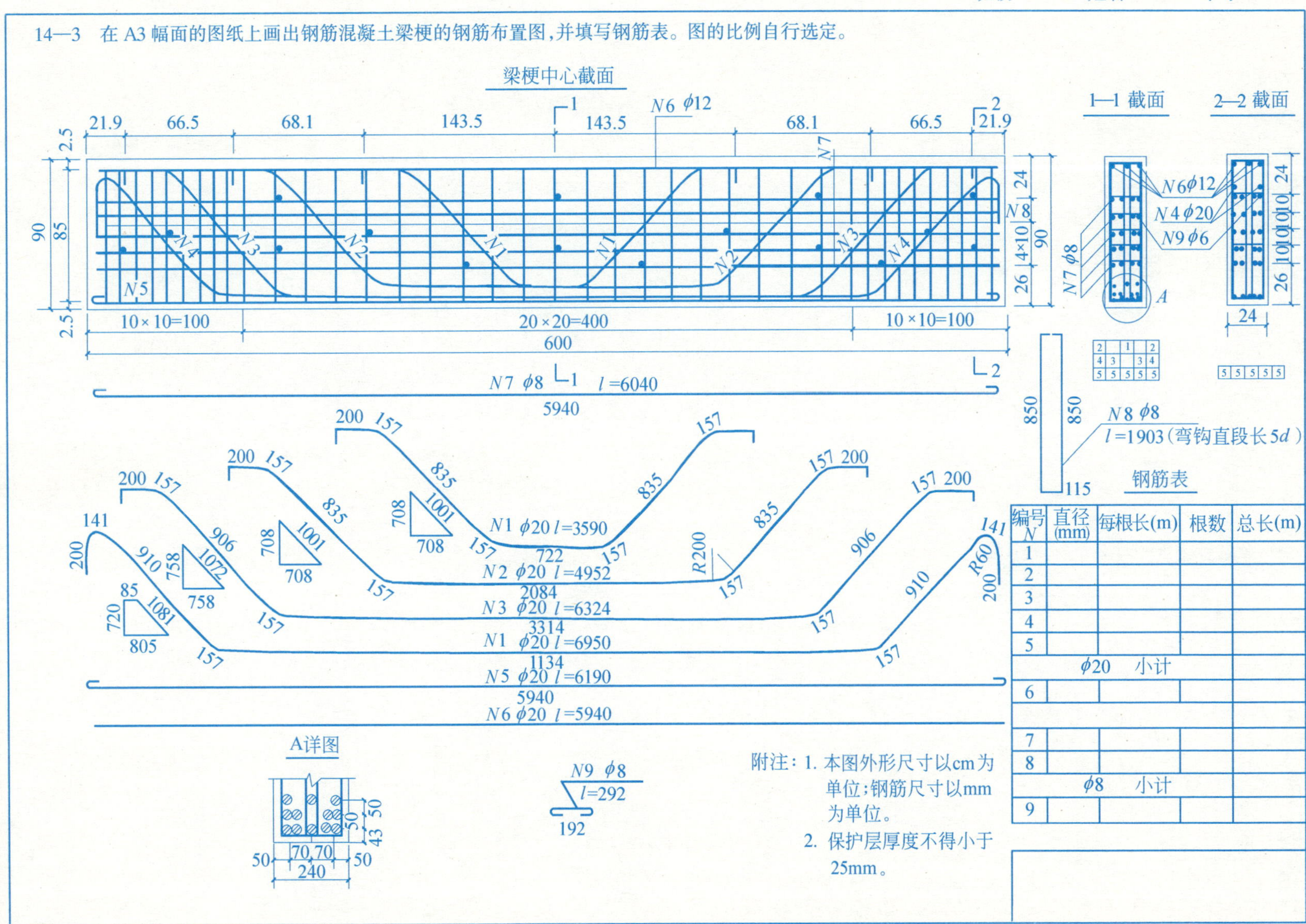

钢筋表

编号 N	直径 (mm)	每根长(m)	根数	总长(m)
1				
2				
3				
4				
5				
	ϕ20	小计		
6				
7				
8				
	ϕ8	小计		
9				

附注：1. 本图外形尺寸以cm为单位；钢筋尺寸以mm为单位。

2. 保护层厚度不得小于25mm。

15—1　阅读《画法几何及工程制图》中图 15—3 钢屋架结构详图，并把组成屋架的杆件和节点板、填板的型钢尺寸及数量填写在下表内。

杆件名称	尺　寸	数　量
上弦杆①		
下弦杆②		
竖　杆⑥		
腹　杆⑤		
腹　杆③		
腹　杆④		
节点板⑦		
节点板⑧		
节点板⑪		
填　板⑯		
填　板⑰		

15—2　阅读下页上的钢梁节点图，并把组成 A_3 节点的各杆件和拼接板、填板、节点板的型钢编号、尺寸及数量填写在下表内。

杆件名称	型钢编号	尺　寸	数　量
上弦杆 A_1-A_3			
下弦杆 $A_3-A'_3$			
竖杆 E_3-A_3			
斜杆 E_2-A_3			
斜杆 A_3-E_4			
拼接板 P_2			
填　板 B_3			
节点板 D_5			

15—3　绘制64 m主桁 A_3 节点详图，画出主桁简图并标明所绘节点在桁架中的位置。图幅和比例自行选定。

上平纵联中 LH_{10}、L_7 和 L_1 的尺寸如下：

LH_{10}：2L100×100×10×5040，1－90×10×5040

L_7：1－345×10×940，1－260×10×940

L_1：2－240×12×9040

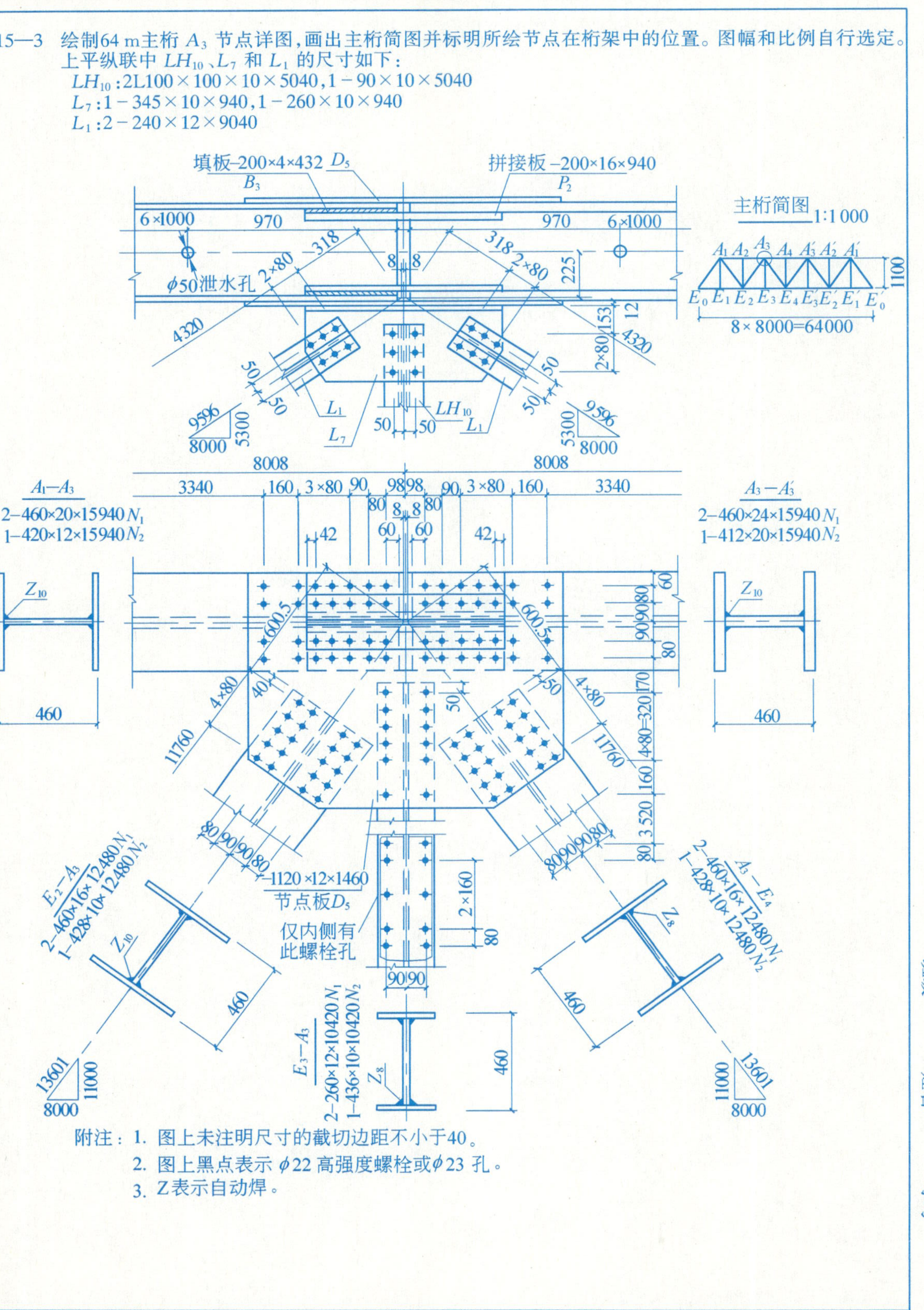

附注：1. 图上未注明尺寸的截切边距不小于40。

2. 图上黑点表示 ϕ22 高强度螺栓或ϕ23 孔。

3. Z表示自动焊。

十六、房屋施工图

班级　　　　姓名　　　　学号

16—1　根据《画法几何及工程制图》中所给出的房屋施工图，绘制下列图样。

(1)在 A3 幅面的图纸上，用 1∶100 的比例绘制其二层平面图。

(2)在 A3 幅面的图纸上，用 1∶100 的比例抄绘①～⑨立面图。

(3)在 A3 幅面的图纸上，用 1∶20 的比例抄绘外墙剖面详图。

(4)由教师在底层平面图上指定适当剖切位置，绘制剖面图。

(5)根据已建成的钢筋混凝土楼梯(三层为宜)进行楼梯建筑测绘练习，有些难以测量的尺寸(如层高、平台厚度、平台梁断面大小、墙身厚度等)由教师统一给出。最后分别用 1∶100 和 1∶50 的比例绘制平面图和剖面图。

(6)在 A2 幅面的图纸上，绘制楼梯详图。

16—2　根据《画法几何及工程制图》中图 16—26 所给出的基础断面详图，在 A4 幅面的图纸上，绘制基础宽度为2600的基础断面详图(比例自定)。

17—1　在 A3 幅面的图纸上用仪器画下列桥墩图。图的比例自定。

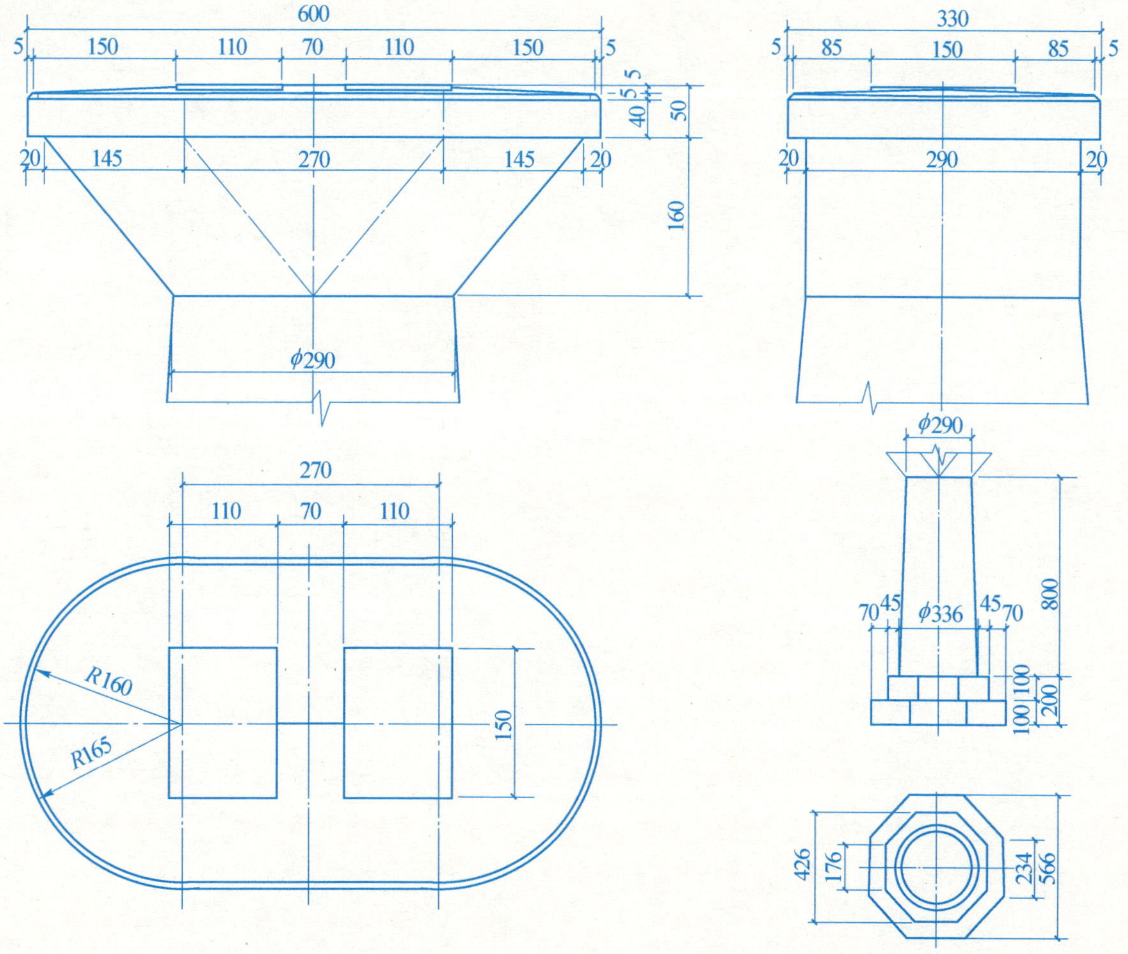

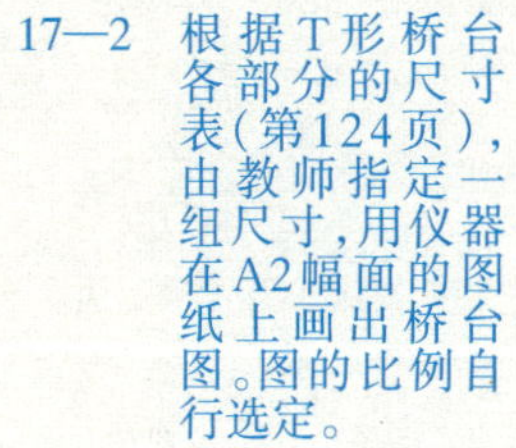

17—2　根据T形桥台各部分的尺寸表(第124页),由教师指定一组尺寸,用仪器在A2幅面的图纸上画出桥台图。图的比例自行选定。

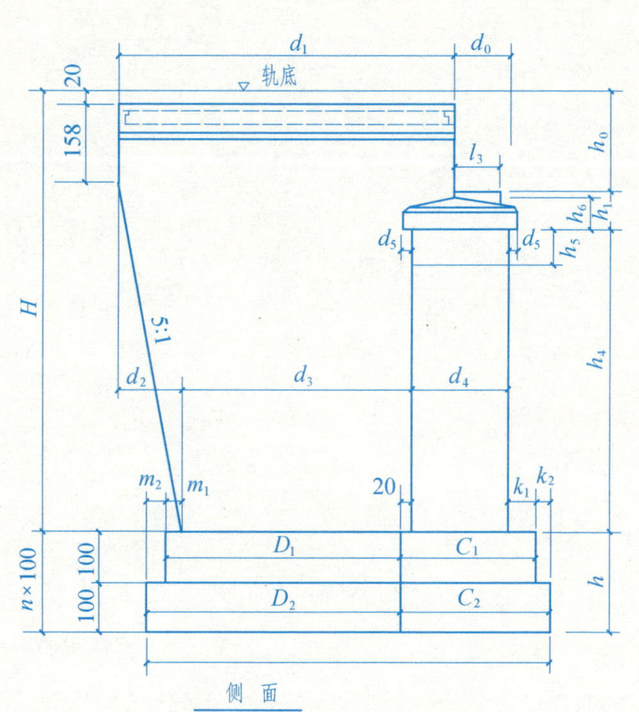

侧　面

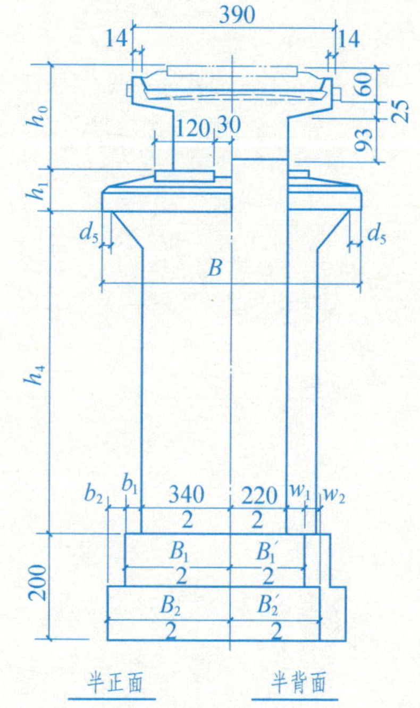

半正面　　半背面

半平面　半基顶剖面

附注:

1. 本图尺寸以cm计。
2. 台顶部分详细尺寸参看《画法几何及工程制图》中图17—9T形桥台台顶构造图。

轨底至支承垫石顶 h_0 尺寸表　　单位 cm

梁类型 \ 跨度 m		5.0	6.0	8.0	10.0	12.0	16.0	20.0	24.0	32.0
道碴桥面	钢筋混凝土梁	110.3	120.3	184	208	223	258	310		
	低高度梁	90.3	95.3	114	140	155	180	207		
	后张梁						228	280	300	350
	低高度先张梁			114	140	155	180			

班级　　　　姓名　　　　学号

T形桥台各部分尺寸表　　尺寸除桥跨外均以 cm 计

桥跨 L_p(m)	l_1	l_2	l_3	H	B	B_2	b_1	b_2	B'_2	w_1	w_2	d_0	d_1
5.0	55	115	70	678	400	540	30	70	480	60	70	65	610
8.0	70	110	75	678	420	440	20	30	440	40	70	80	595
10.0	80	100	90	678	500	520	20	70	480	60	70	110	565
				1278	5	540	30	70	480	60	70	110	1315
16.0	80	100	90	678	500	540	30	70	480	60	70	110	565
				1278	500	520	20	70	480	60	70	110	1315
20.0	60	120	100	678	600	520	20	70	480	60	70	120	555
				1278	600	520	20	70	480	60	70	120	1305

桥跨 L_p(m)	d_2	d_3	d_4	d_5	h_1	h_6	h_5	h_4	k_1	k_2	m_1	m_2	C
5.0	100	425	150	10	40	40	40	528	20	50	30	70	745
8.0	100	425	150	10	60	50	70	434	20	60	30	70	755
10.0	100	375	200	20	70	50	70	400	20	70	30	70	765
	220	1005	200	20	70	50	70	1000	20	30	70	70	1395
16.0	100	375	200	20	70	50	70	350	50	70	30	70	795
	220	1005	200	20	70	50	70	950	20	40	70	70	1405
20.0	100	355	220	20	50	50	110	318	70	70	30	70	815
	220	985	220	20	50	50	110	918	20	70	70	70	1435

17—3　在 A3 幅面的图纸上画出 U 形桥台台顶的三面图。比例 1∶40。

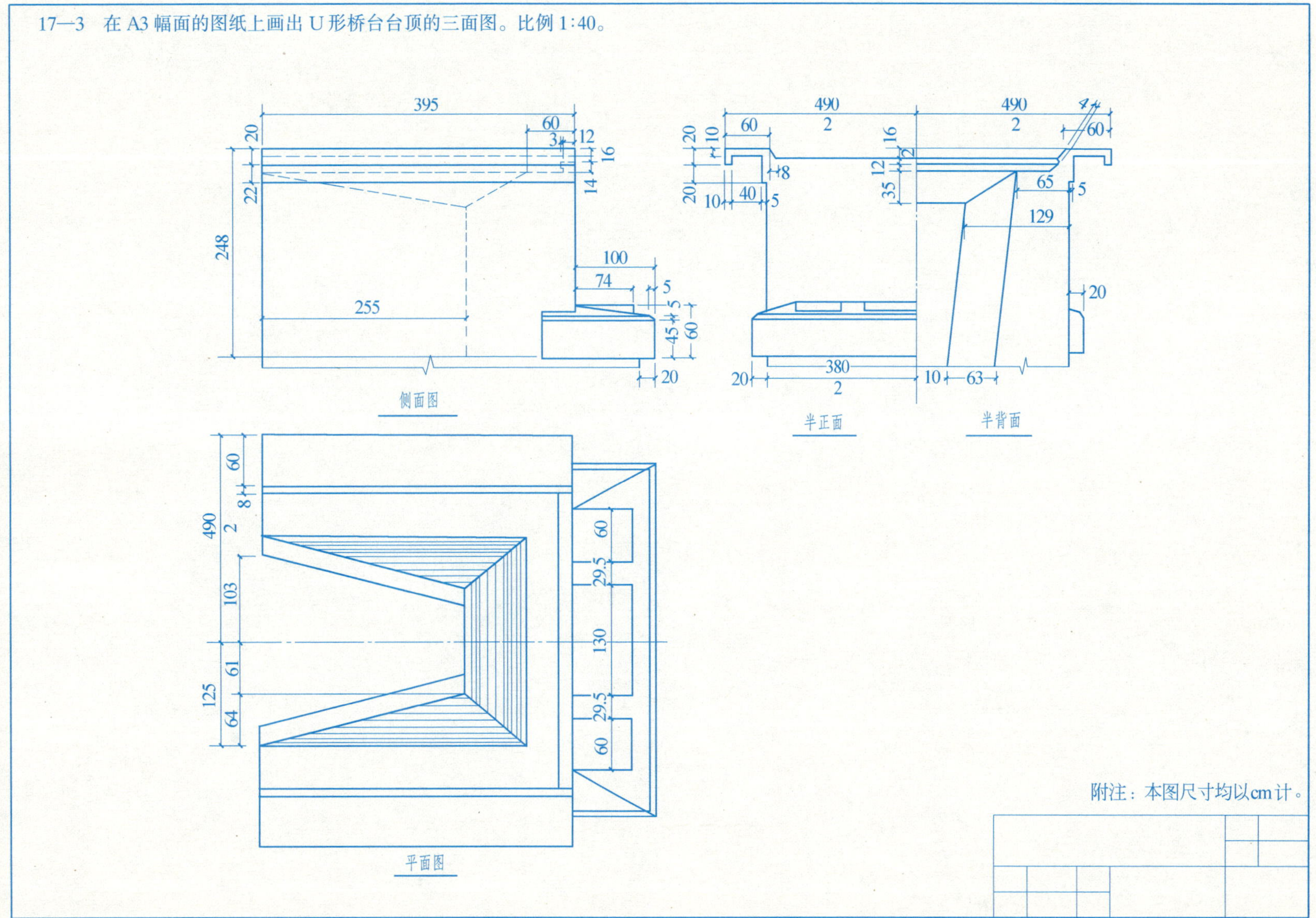

附注：本图尺寸均以cm计。

班级　　　　姓名　　　　学号

17—4　阅读教材中的图 17—11(拱涵图),并绘制拱涵入口和入口端节的轴测图。轴测图的类型和比例自行选定。

17—5　阅读教材中的图 17—14,并参阅图 17—12 画出翼墙式隧道洞门图。图幅和比例自行选定。

17—6　根据教材中图 17—15、图 17—16 所给出的翼墙式隧道洞门图，补全 *A-A* 剖面图。

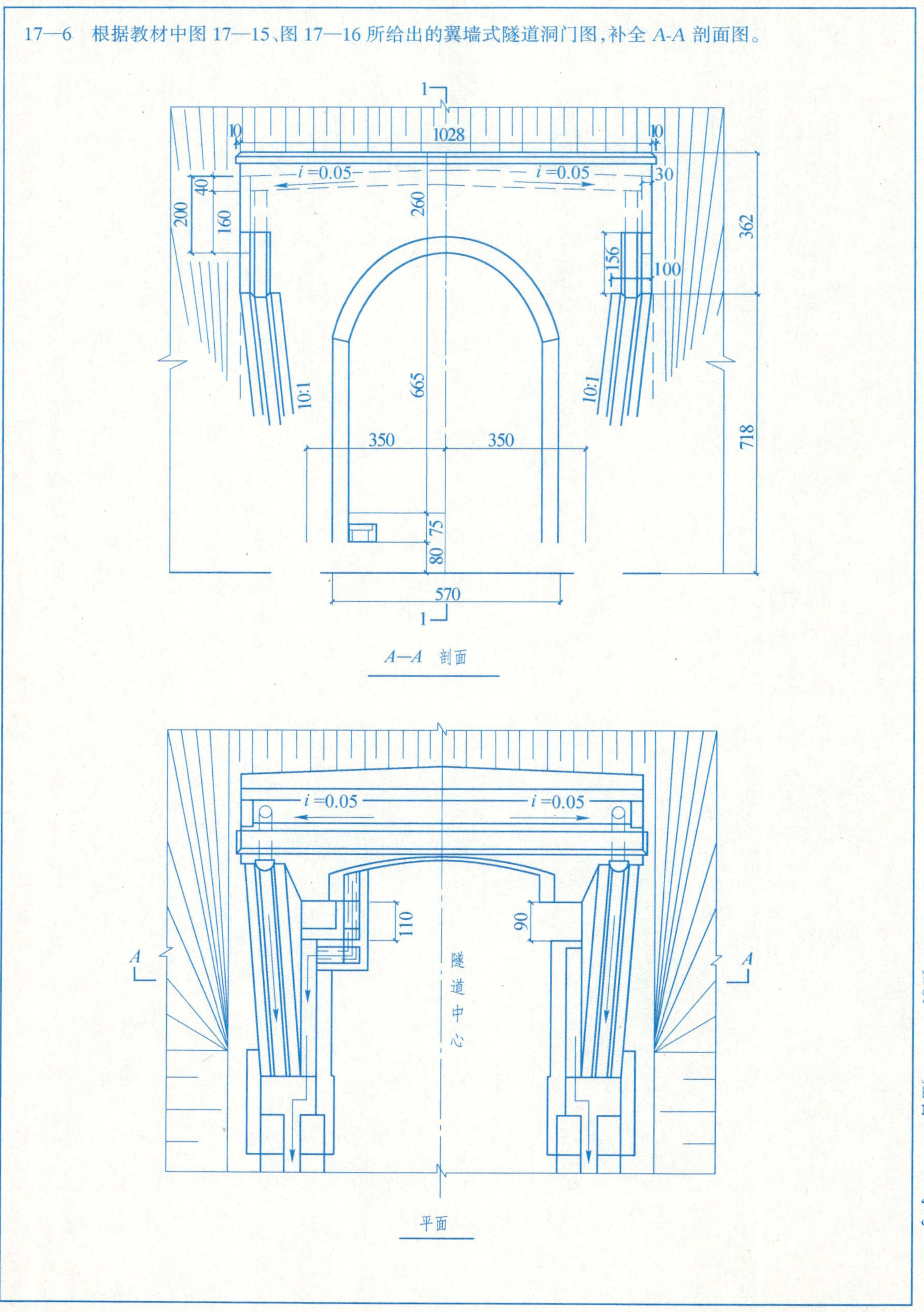

18—1　画出渠道的 4—4 剖视图。

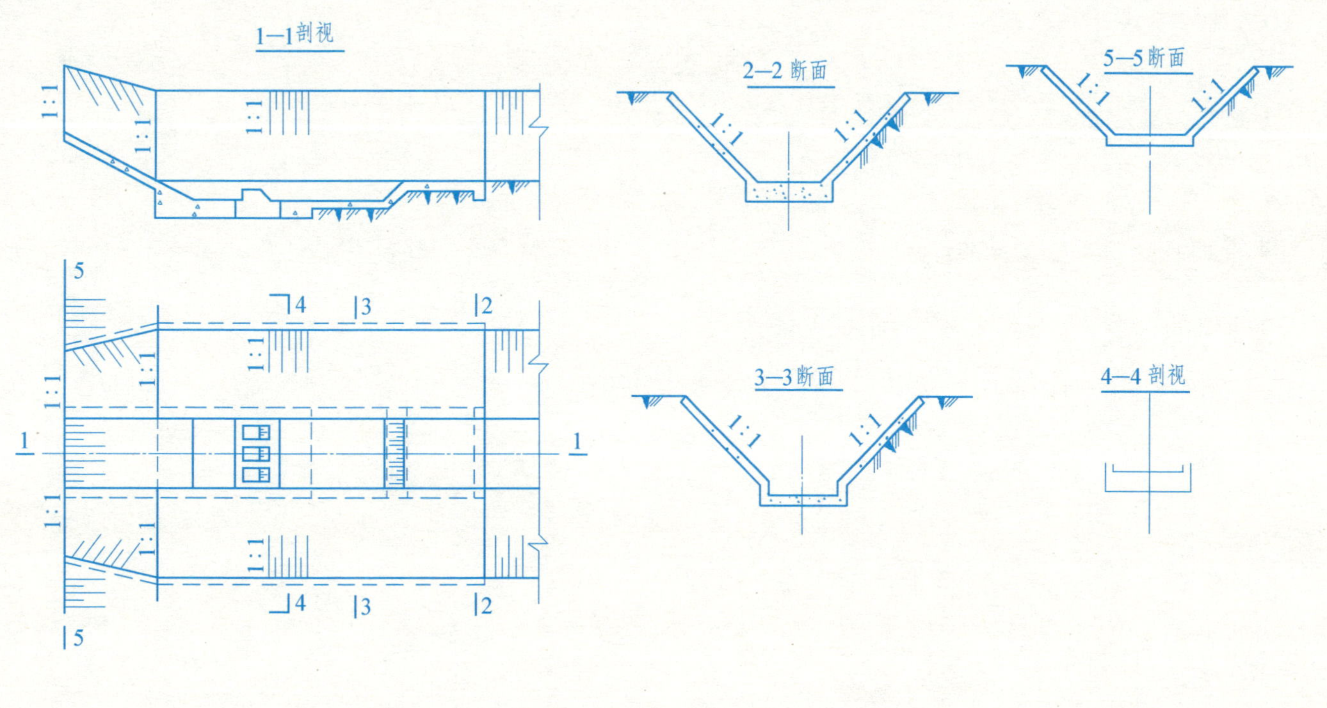

18—2　根据轴测图画视图(草图),标注尺寸,并用 1∶50 的比例分别抄绘在 A3 图纸上。要求投影正确、尺寸齐全、图面工整清晰。

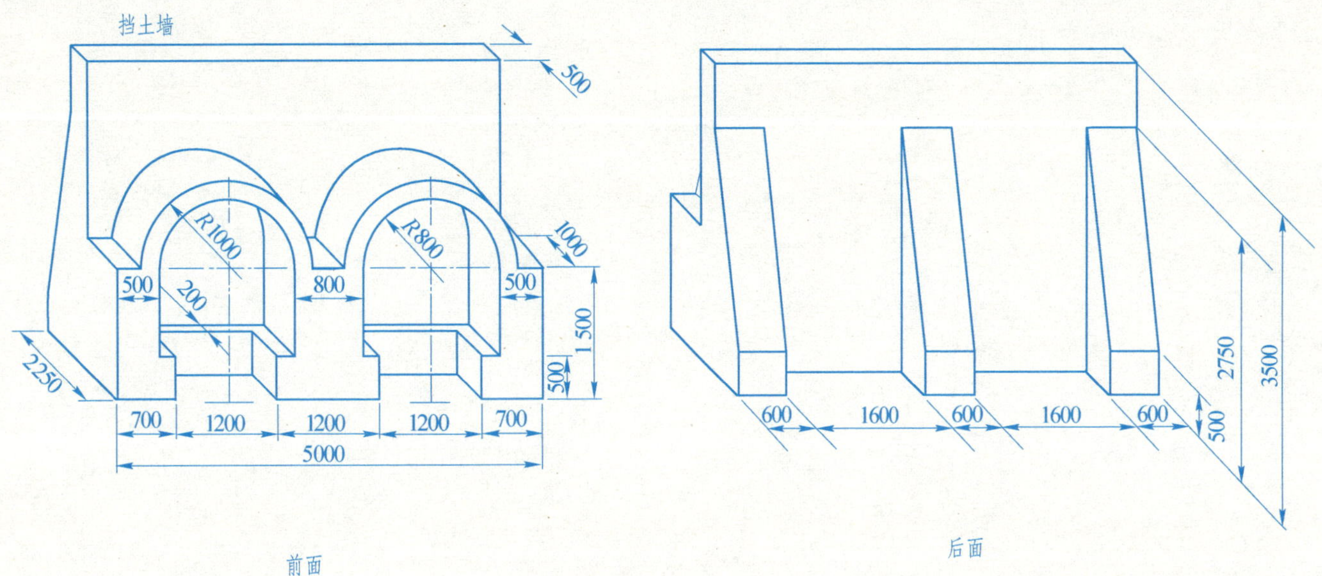

18—3　根据涵洞的轴测图采用合适的视图、剖视图表达物体。要求方法合理、投影正确、尺寸齐全。

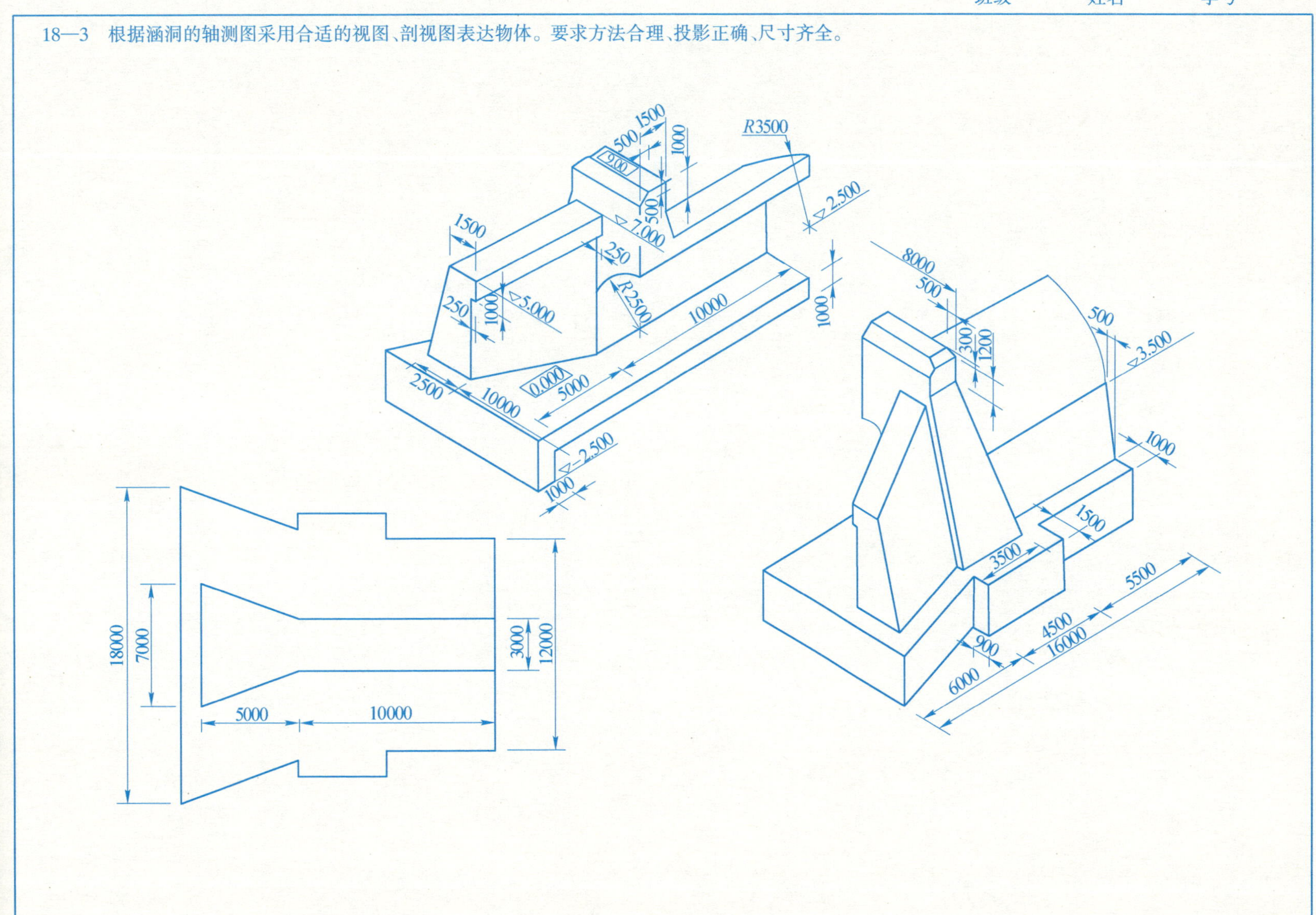

18—4　在 A3 图纸上用 1∶100 的比例绘制进水闸的平面图、纵剖视图和 C-C 断面图，并补绘上、下游立面图。

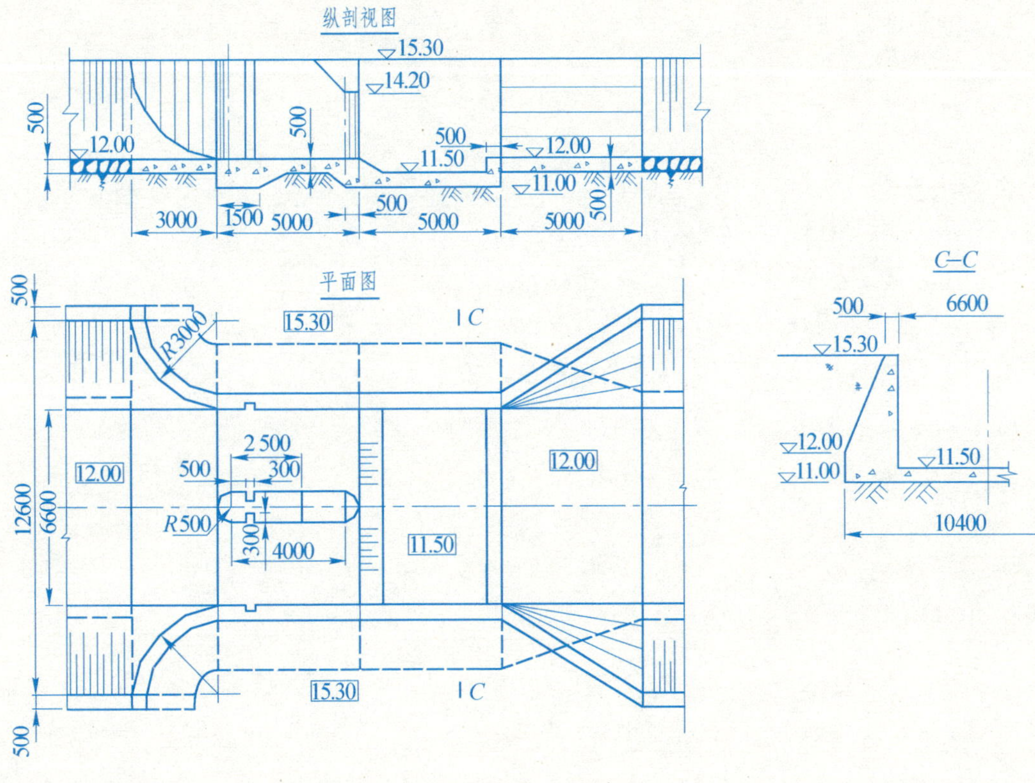

18—5　下图是混凝土宽缝重力坝的一个坝段，读图并补绘上、下游立面图和 C-C 剖视图。

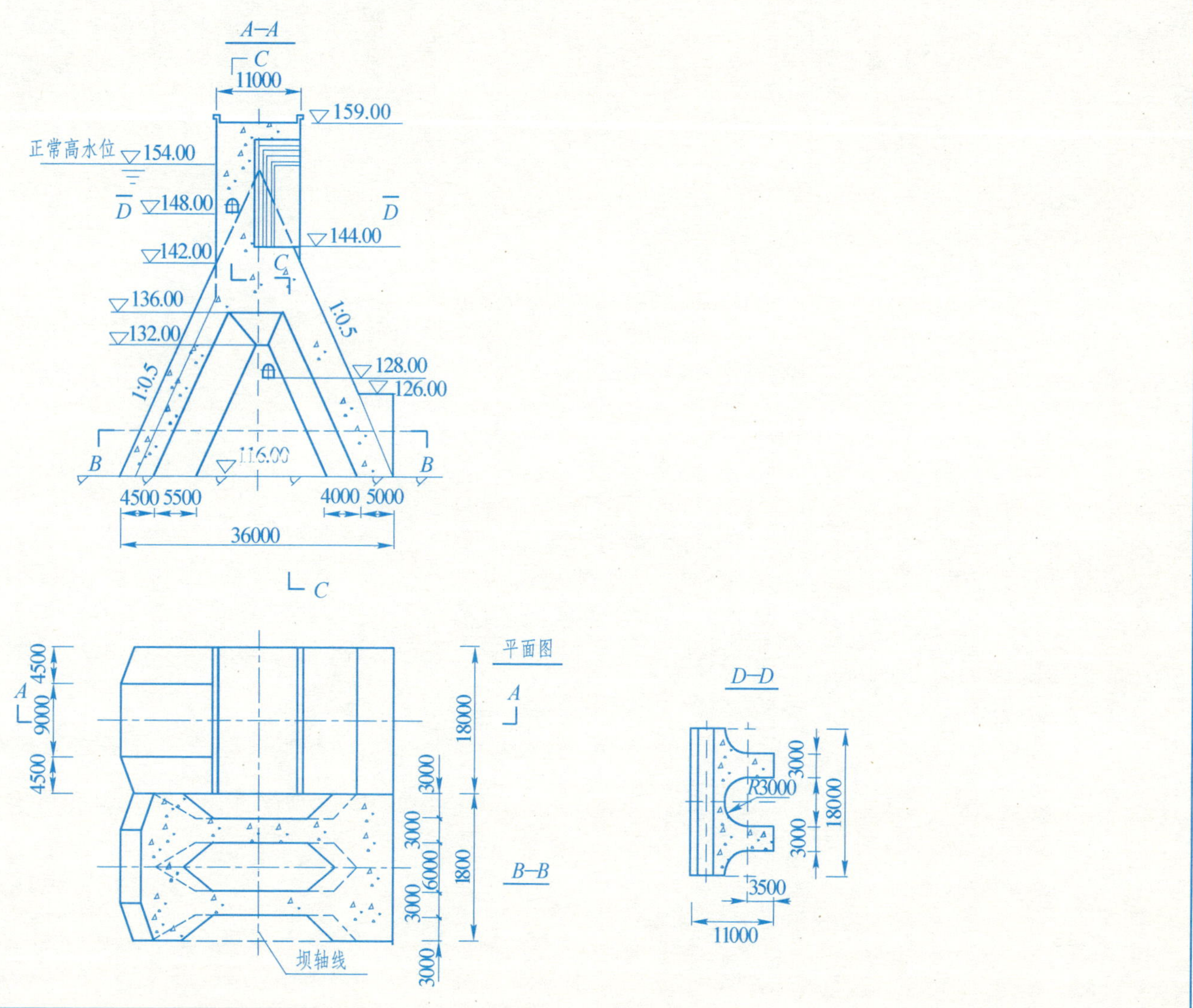